Technische Universität Dresden

Spektral einstellbare Lichterzeugung und Vorgehensweisen zur objektiven Quantifizierung nichtvisueller Wirkungen dieser Lichtspektren auf den Menschen

Falk Wieland-Kelbel

von der Fakultät Elektrotechnik und Informationstechnik der Technischen Universität Dresden zur Erlangung des akademischen Grades

Doktoringenieur
(Dr.-Ing.)

genehmigte Dissertation

Vorsitzender: Herr Prof. Dr. rer. nat. Stefan Mannsfeld, TU Dresden
1. Gutachter: Herr Prof. Dr.-Ing. habil. Henry Güldner, TU Dresden
2. Gutachter: Herr Prof.Dr.-Ing. Stephan Völker, TU Berlin
Weiteres Mitglied: Herr Prof. Dr.-Ing. habil. Hagen Malberg, TU Dresden

Tag der Einreichung: 03.05.2018
Tag der Verteidigung: 30.10.2018

Danksagung

Die vorliegende Arbeit entstand während meiner Tätigkeit als wissenschaftlicher Mitarbeiter im interdisziplinären Forschungsprojekt NiviL an der Professur für Leistungselektronik der TU Dresden sowie an der Klinik und Poliklinik für Psychiatrie und Psychotherapie des Universitätsklinikums Carl Gustav Carus Dresden.

Prof. Güldner danke ich für die herausragende, langjährige, wissenschaftliche Betreuung der Arbeit sowie der korrespondierenden Forschungsprojekte. Beginnend von der Idee im Jahr 2010 bis zur Verteidigung im Jahr 2018. Seine Visionen und Motivation in diesem Forschungsfeld haben diese Arbeit ermöglicht und wichtige Impulse gesetzt. Dr. Ritter sowie allen am NiviL-Projekt Beteiligten danke ich für das bereichernde Arbeitsumfeld und die wissenschaftliche Unterstützung. Ohne Prof. Wilrich, Dr. Mayer-Pelinski und Dipl.-Biomath. Zerjatke wäre die statistische Datenauswertung in der vorliegenden Tiefe nicht möglich gewesen.

Dr. Zaunseder danke ich für die wertvollen Anregungen zur wissenschaftlichen Ausgestaltung der Arbeit und vielen Hinweisen zur Vorgehensweise in der Analyse der biomedizinischen Parameter.

Dr. Kluge und Dipl-Ing. Kleinichen sowie allen Mitarbeitern der Professur für Leistungselektronik danke ich für die ertragreichen Diskussionen und die gelebte Büro und Laborkollegialität. Besonderer Dank gilt auch Prof. Bernet für das Bereitstellen einer fördernden Arbeitsumgebung. Der Firma SBF Spezialleuchten GmbH danke ich für die langjährige und sehr gute Zusammenarbeit.

Meiner Frau Janna danke ich für ihr Verständnis, die Geduld und die stete Unterstützung. Meine Schwester Sandra hat durch ihre ausführlichen Korrekturen die Arbeit wesentlich unterstützt.

Kurzfassung

Viele grundlegende Fragen hinsichtlich der Wirkungsweise von Licht auf den Menschen sind noch ungeklärt. Umso bedeutender ist, dass die bisherigen, schon gesicherten Erkenntnisse in neue Leuchtensysteme einfließen. Zielstellung dieser Arbeit ist es daher, Handlungsempfehlungen für die Nutzung von objektiven Kriterien zur Bewertung einer für den Nutzer (sichtbar und nicht sichtbar) angenehmen Beleuchtung zu geben. Anhand von klinischen Studien werden Möglichkeiten für die Beschreibung der nichtvisuellen Wirkungen von Licht dargestellt und diskutiert.

Ausgangspunkt vorliegender Arbeit sind Ergebnisse aus vorangehenden lichttechnischen Projekten (Einsatz von LED und OLED in elektrischen Bahnen) sowie die Beteiligung am Forschungsprojekt NiviL. In dessen Teilprojekt „Melatoninsuppression und Phasenverschiebung", welches in Kooperation mit dem Universitätsklinikum Dresden bearbeitet wurde, sind in zwei medizinischen Studien der Einfluss unterschiedlicher Lichtspektren auf jeweils zwei Probandengruppen untersucht worden: gesunde Kontrollprobanden und Probanden mit einer Bipolar-I-Störung. Um die Effekte der Lichtspektren nachweisen zu können, wurden flexibel konfigurierbare Beleuchtungseinheiten entworfen, welche die Retina im Auge des Betrachters gleichmäßig und vollständig ausleuchten. Das Ziel, eine sehr gute Homogenität der Exposition sowie Flimmerfreiheit reproduzierbar sicherzustellen, wurde durch spezielle, mit neuartigen Konzepten entwickelte LED-Treiber mit intelligenter Konstantstrom- und PWM-Dimmung erreicht. Es wird ein Konzept für eine Dreikanal-Farbortregelung sowie Mehrkanal-Steuerung vorgestellt, implementiert, erfolgreich getestet und genutzt. Anhand der Anforderungen des Studiendesigns der Probandenstudien wurde eine spezielle Konfiguration der Spektren vorgenommen. Es konnte mittels einer Farbortregelung in der ersten Studie und einer, von der Pupillengröße abhängigen, Leuchdichteregelung in der zweiten Studie eine optimale Versuchsdurchführung durch die Eliminierung unerwünschter Einflussfaktoren wie Helligkeitsschwankungen oder unterschiedliche Pupillengrößen gewährleistet werden.

Die Hypothese der ersten Studie geht von einer verstärkten Melatoninsuppression sowie einer verminderten Müdigkeit der bipolaren Probanden während einer Exposition mit blauem Licht im Vergleich zu gesunden Kontrollprobanden aus. In der zweiten Studie wurde die Hypothese einer verstärkten Phasenverschiebung der „inneren Uhr" der Probanden mit Bipolar-I-Störung gegenüber der Kontrollgruppe überprüft. Es konnten 92 in der ersten bzw. 90 Probanden in der zweiten Studie eingeschlossen werden. Studiendesign, Methodik, Durchführung und Auswertung der Probandenstudien sind umfassend dokumentiert worden. Während der Untersuchungen wurden folgende Parameter gemessen: Melatoninspiegel im Blut, Elektroenzephalogramm, Herzfrequenz und Herzratenvariabilität, Pupillenunruhe sowie der Karolinska-Schläfrigkeitswert (KSS). Diese wurden aus ingenieurtechnischer Sicht eingeführt, die damit gemessenen Daten statistisch ausgewertet und abschließend hinsichtlich ihrer Aussagekraft und Anwendbarkeit zur objektiven Quantifizierung nichtvisueller Wirkungen beurteilt.

Die aufgestellten Hypothesen hinsichtlich der Gruppenunterschiede konnten experimentell nicht bestätigt werden. Für einen weiteren Erkenntnisgewinn müssen die Einflüsse weiterer schon erfasster, aber noch nicht betrachteter Kovariablen auf die Messergebnisse überprüft werden, um zusätzliche Rückschlüsse aus den Daten ziehen zu können. Die Nutzung der KSS kann durch die einfache Anwendung für große Probandenzahlen und die Messung des Pupillengrößenindex als „interner" Müdigkeitsmarker empfohlen werden. EEG-Messungen werden als Goldstandard für die Ermittlung von Erregungszuständen im Hirn angesehen. Die in dieser Arbeit vorgeschlagene und erfolgreich genutzte Systematik für EEG-Messungen kann für die Vergleichbarkeit ähnlicher Studien genutzt werden.

Abstract

Light is the most important time reference for almost all organisms on earth. Many fundamental questions regarding the effect of light on humans have not yet been answered. Nevertheless, the existing findings ought to be used in the design of new lighting systems. Experience from former research projects considering the use of LED und OLED in railway systems as well as from the participation on the NiviL project is therefore integrated into this thesis.

One part of the NiviL project was done in cooperation with the University Hospital of Dresden. Within this, two studies were conducted to test the hypothesis that patients with bipolar I disorder react differently to blue enriched light exposure than healthy control patients.

In order to be able to detect the effects of different light spectra, flexibly configurable lighting units were designed which illuminate the retina evenly and completely in the eye of the observer. By using newly designed LED drivers, good uniformity and no flicker was ensured for all possible spectrums.

Derived from general solutions, a concept for a three-channel color controller as well as a multi-channel controller is presented and implemented. A color feedback controller in the first study and a brightness controller dependent on pupil size in the second study ensured optimal exposure by eliminating influencing factors such as brightness fluctuations or different pupil sizes. This pupil feedback control scheme is new and not yet state of the art. Faultless operation of the lighting units during the project was reported by all project partners. All parameters were precisely documented to allow future replication of the study.

The hypotheses postulate increased melatonin suppression and reduced fatigue of bipolar subjects during exposure to blue light compared to healthy control subjects. The second study examined the hypothesis of an increased phase shift of the internal clock of the subjects with bipolar I disorder compared to the control group. It was possible to include 92 subjects in the first study and 90 in the second. The following parameters were measured during the trials: blood melatonin levels, electroencephalogram, heart rate and heart rate variability, Pupillenunruheindex and the Karolinska sleepiness scale (KSS). These have been introduced from an engineering point of view, their data have been evaluated and finally assessed in terms of significance and applicability for the objective quantification of non-visual effects. No significant correlations between the measured values could be demonstrated.

The hypotheses regarding group differences could not be corroborated experimentally. The influences of other recorded but not yet considered covariates on the measurement results ought to be checked in order to be able to draw further conclusions from the present data. The KSS, due to its ease of use for large numbers of subjects, and the Pupillenunruheindex, an „internal" fatigue marker, can be recommended. EEG measurements are regarded as the gold standard for the determination of brain excitation states. However, the evaluation and interpretation of the recorded data is highly complex and the study design must be adapted to these measurements.

Inhaltsverzeichnis

Abbildungsverzeichnis

Tabellenverzeichnis

Abkürzungen, Formelzeichen, Konstanten

Abkürzungen

AAC	alpha attenuation coefficient
AlGaInP	Aluminiumgalliumindiumphosphid
BP	Bandpass
BPM	beats per minute
cbPPG	kamerabasiertes photoplethysmography Systemen
CCT	correlated color temperature
CIE	Internationale Beleuchtungskommission, frz. Commission Internationale de l´Éclairage
CMOS	complementary metal-oxide-semiconductor
CRI	color rendering index
DAC	Digital-Analog-Wandler
DF	Anzahl der Freiheitsgrade, engl. degrees of freedom
DFT	diskrete fourier transform
DSM	statistical manual of mental disorders
EEG	Elektroenzephalogramm
EKG	Elektrokardiogramm
FBFW	feste Bänder mit fester Breite
FFT	fast fourier transform
FIR	endliche Impulsantwort, engl. finite impulse response
GaN	Galliumnitrid
HOMO	highest occupied molecular orbital
HP	Hochpass
HRV	Herzratenvariabilität
IAF	Individuelle Alpha-Frequenz
IBFW	individuelle Bänder mit fester Breite
ICA	independent component analysis
ICD	inventory of depressive symptomatology
InGaN	Indiumgalliumnitrid
ipRGC	intrinsically photosensitive retinal ganglion cells
KSS	Karolinska-Schläfrigkeitsskala

LED	light-emitting diode
LOIGB	LED- und OLED- Integration in Glas- und Kunststoffverbünde zum Einsatz in Beleuchtungssystemen elektrischer Bahnen
LUMO	lowest unoccupied molecular orbital
MEQ	morning-evening-questionnaire
MOSFET	metal oxid semiconductor field effect transistor
NiviL	Nicht visuelle Lichtwirkungen
OLED	organic light-emitting diode
PI	Proportional-Integral
PST	pupillographische Schläfrigkeitstest
PUI	Pupillenunruheindex
PWM	Pulsweitenmodulator
QRS	Gruppe von Ausschlägen im Elektrokardiogramm
SCN	Suprachiasmatischer Kern, engl. suprachiasmatic nucleus
SDNN	standard deviation of normal to normal R-R intervals
Si	Silizium
SiC	Siliciumcarbid
TP	Tiefpass

Formelzeichen

A_H	Öffnungsfläche der Halbkugel	m^2
$Ar(t)$	zufälliger Artefaktterm	mV
CI	Konfidenzintervall	
C_In	Eingangskapazität des Tiefsetzstellers	F
C_Out	Ausgangskapazität des Tiefsetzstellers	F
E_G	Bandabstand	eV
E_p	Energie eines Photons	J
$E_{e\mathrm{C}}$	melanopische Bestrahlungsstärke	$\mathrm{W\,m^{-2}}$
E_e	Bestrahlungsstärke	$\mathrm{W\,m^{-2}}$
E_v	Beleuchtungsstärke	lx
$I_{\mathrm{LED}_{1..n\,\mathrm{ist}}}$	Istströme der LEDs	A
$I_{\mathrm{LED}_{1..n\,\mathrm{soll}}}$	Sollströme der LEDs	A
I_Outmax	maximaler Ausgangsstrom des Tiefsetzstellers	A
I_Out	Ausgangsstrom des Tiefsetzstellers	A
L_1	Induktivität der Drossel im Tiefsetzsteller	H
L_B	effektive Strahldichte	$\mathrm{W\,m^{-2}\,sr^{-1}}$
L_v	Leuchtdichte	$\mathrm{cd\,m^{-2}}$
M	X, Y, Z, Matrix	1
N_S	Anzahl der Abtastwerte in einem Segment	1
N_p	Photonendichte	$\mathrm{Photonen\,s^{-1}\,cm^{-2}}$
N	Anzahl der Abtastwerte	1
SE	Standardfehler	
T_C	Farbtemperatur	K
T_A	Abtastperiodendauer	s
T_S	Länge eines Segments	s
U_In	Eingangsspannung des Tiefsetzstellers	V
U_Out	Ausgangsspannung des Tiefsetzstellers	V
$V(\lambda)$	Hellempfindlichkeitskurve	1
W_rel	normierte spektrale Verteilung	1

$X,\ Y,\ Z$	Normfarbwerte	1
X_{1i}	unabhängiger Wert des Probanden	
Y_i	abhängige Variable	
$\Phi_{e\lambda}$	spektraler Strahlungsfluss	$\mathrm{W\,nm^{-1}}$
Φ_e	Strahlungsleistung	W
Φ_v	Lichtstrom	lm
$\bar{x}_{10}(\lambda),\ \bar{y}_{10}(\lambda),\ \bar{z}_{10}(\lambda)$	Normspektralwertfunktionen der CIE von 1964	1
$\bar{x}(\lambda),\ \bar{y}(\lambda),\ \bar{z}(\lambda)$	Normspektralwertfunktionen der CIE von 1931	1
ϵ_i	Fehler zur Regressionsgeraden	
λ	Wellenlänge	nm
b_0	Schnittpunkt mit der y-Achse (Intercept)	
b_1	Anstieg der Regressionsgeraden	
f_0	Grundfrequenz der Fourier Reihe	Hz
f_A	Abtastfrequenz	1
f_{PWM}	Frequenz der Pulsweitenmodulation	Hz
f_{sw}	Schaltfrequenz des Tiefsetzstellers	Hz
$f_{\mathrm{BP}}(t)$	Verifikationssignal der bipolaren Probanden	mV
$f_{\mathrm{G}}(t)$	Verifikationssignal der gesunden Probanden	mV
k_{I}	Multiplikator der LED-Ströme	A
n_{A}	Abtastwert	1
p	Signifikanzwert	
$t(\mathrm{DF})$	Wert der t-Statistik	
$x,\ y,\ z$	Koordinaten im CIE-Farbraum	1

Konstanten

K_{m}	Maximalwert des photometrisches Strahlungsäquivalents	$683\,\mathrm{lm\,W^{-1}}$
c	Lichtgeschwindigkeit	$299\,792\,458\,\mathrm{m\,s^{-1}}$
h	Plancksches Wirkungsquantum	$6{,}626 \times 10^{-34}\,\mathrm{J\,s}$

1 Einleitung

Tageslicht ist für fast alle Lebewesen auf der Erde der wichtigste Zeitgeber. Die Modernisierung der Gesellschaft zwingt den Menschen dazu, in Bereichen ohne Tageslicht zu arbeiten, zum Beispiel nachts Schichtarbeit zu leisten, oder sich schnell nach einem langen Transatlantikflug an eine neue Zeitzone anzupassen. In all diesen Situationen werden künstliche Beleuchtungssysteme für das Sehen und Erkennen eingesetzt. Gleichzeitig wirken diese auf den Hormonhaushalt und verschieben die „innere Uhr". Mit der Entdeckung der intrinsisch photosensitiven Ganglienzellen (intrinsically photosensitive retinal ganglion cells – ipRGC) in der Retina des Auges im Jahr 2001, und dem damit einhergehenden Wissenszuwachs um die nichtvisuellen Wirkungen von Licht auf den Menschen, muss die Botschaft für zukünftige Beleuchtungsaufgaben sein:

Nicht nur Sehen und Erkennen, Licht kann mehr!

Durch die rasante Weiterentwicklung der Leuchtdiode (light-emitting diode – LED) sowie der organischen Leuchtdiode (organic light-emitting diode – OLED) ist es heute möglich, fast beliebige spektrale Verteilungen in künstlichen Lichtquellen mit hoher Effizienz, im Vergleich zu anderen Leuchtmitteln wie Leuchtstoffröhre oder Glühfadenlampe, zu erzeugen. Diese Spektren allerdings farbortstabil durch einen geschlossenen Regelkreis über einen langen Zeitraum konstant zu halten, ist nicht Stand der Technik.

Sehr viele Aspekte der nichtvisuellen Wirkungen von Licht sind noch unerforscht und eine objektive Quantifizierung der Wirkmechanismen am Menschen ist aufwendig und erfordert medizinisches Fachwissen.

Im vom Bundesministerium für Bildung und Forschung geförderten Verbundprojekt NiviL (Nichtvisuelle Lichtwirkungen) werden mehrere verschiedenartige spektral einstellbare Lichtquellen durch den Autor in Kooperation entworfen, entwickelt und aufgebaut. Durch Studien mit Probanden sollen Möglichkeiten für die Beschreibung der nichtvisuellen Wirkungen dieser Lichtquellen gefunden und angewendet werden. Zielstellung ist es, Handlungsempfehlungen für die Nutzung von objektiven Kriterien zur Bewertung einer für den Nutzer sichtbar und nicht sichtbar angenehmen Beleuchtung zu geben. Im Teilprojekt welches am Universitätsklinikum Dresden durchgeführt wird, werden die Auswirkungen von nächtlicher Lichtexposition auf Patienten mit einer Bipolar-I Erkrankung im Vergleich zu gesunden Kontrollprobanden untersucht.

Die Herausforderungen dieser Arbeit lagen nicht zwingend in der Leistungselektronik, sondern in der Nutzung von interdisziplinären Schnittstellen und Werkzeugen aus Elektrotechnik, Lichttechnik und Medizin.

2 Stand in der Technik und in der medizinischen Forschung sowie Ableitung der Aufgabenstellung

2.1 Lichttechnische Grundlagen

Um im Rahmen dieser Arbeit genutzte lichttechnische Begriffe einzuführen, werden im folgenden Größen aus der Grundlagenliteratur wiedergegeben und diese für die speziellen Gegebenheiten der Arbeit modifiziert. Für alle weiterführenden Betrachtungen sei auf [1–4] verwiesen.

2.1.1 Strahlungsleistung und Lichtstrom

Photometrische Grundgrößen sind Radiometrische[1] Größen, bei denen der Detektor, das menschliche Auge, speziell definiert ist. Radiometrische Größen werden mit dem Index e für Energie versehen und photometrische Größen mit dem Index v.

Um die von einer Lichtquelle ausgehende summierte Strahlungsleistung Φ_e zu erfassen, wird über die spektrale Leistungsdichte $\Phi_{e\lambda}$ integriert:

$$\Phi_e = \int_0^\infty \Phi_{e\lambda}(\lambda)\,d\lambda. \tag{2.1}$$

Für polychromatische Strahlung erhält man den Lichtstrom Φ_v durch Multiplikation der Strahlungsleistung mit dem zugehörigen Wert der relativen spektralen Hellempfindlichkeitskurve $V(\lambda)$ und dem photometrischen Strahlungsäquivalent K_m integriert über den sichtbaren Wellenlängenbereich. K_m bildet aus der Leistung der elektromagnetischen Strahlung eine photometrische Einheit lumen (lm). Es gilt:

$$\Phi_V = K_m \int_{380nm}^{780nm} \Phi_{e\lambda}(\lambda)\,V(\lambda)\,d\lambda. \tag{2.2}$$

---

[1] „Radiometrie ist die Messung des Energiegehalts elektromagnetischer Strahlung und die Bestimmung wie diese Energie von einer Quelle durch ein Medium zu einem Detektor übertragen wird [1]."

2.1.2 Normspektralwertfunktionen und Normfarbwerte

Die Normen der Farbmetrik sowie weiterer Größen zur Beschreibung der Farbwiedergabe
sind nicht an die Anforderungen und Merkmale heutiger Leuchtmittel wie LED und OLED
angepasst und sollten modernisiert werden [5]. Dazu:

*„Obwohl es plausibel wäre, mit einer Quantität proportional zu den Signalen der drei Zapfen-
typen (L,M und S) zu beginnen, werden in aktuellen Normen zur Farbmetrik die spektralen L,
M und S Empfindlichkeiten NICHT für die Beschreibung von elektromagnetischer Strahlung,
dem Farbort und die Farbwahrnehmung genutzt [4]. “*

Stattdessen wird für ein Sichtfeld von 1 bis 4 Grad die Normspektralwertfunktion der CIE
(Internationale Beleuchtungskommission Commission Internationale de l'Éclairage) von
1931 $\bar{x}(\lambda)$, $\bar{y}(\lambda)$, $\bar{z}(\lambda)$ und für größere Sichtfelder die Normspektralwertfunktionen der CIE
von 1964 $\bar{x}_{10}(\lambda)$, $\bar{y}_{10}(\lambda)$, $\bar{z}_{10}(\lambda)$ definiert.

Diese Normspektralwertfunktionen sind in Abbildung 2.1 zu sehen. Das Ziel der Norm-

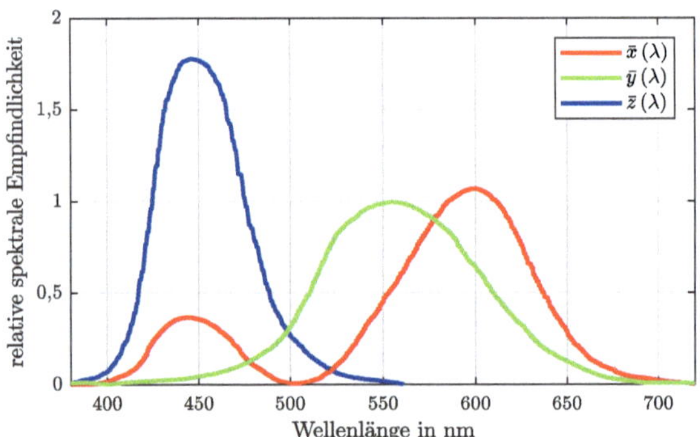

Abbildung 2.1: Normspektralwertfunktionen von 1931, Datenquelle: [6]

spektralwertfunktionen ist die Vorhersage, welche spektralen Verteilungen bei gleichen
Bedingungen zum gleichen Farbeindruck führen. Verschieden zusammengesetzte Licht-
spektren haben den gleichen Farbeindruck, wenn ihre Normfarbwerte gleich sind. Die
Normfarbwerte X, Y, Z berechnen sich zu:

$$
\begin{aligned}
X &= k \int_{380nm}^{780nm} \bar{x}(\lambda)\, \Phi_{e\lambda}(\lambda)\, d\lambda, \\
Y &= k \int_{380nm}^{780nm} \bar{y}(\lambda)\, \Phi_{e\lambda}(\lambda)\, d\lambda, \\
Z &= k \int_{380nm}^{780nm} \bar{z}(\lambda)\, \Phi_{e\lambda}(\lambda)\, d\lambda.
\end{aligned}
\tag{2.3}
$$

wobei $\bar{y}(\lambda) = V(\lambda)$ gilt. Je nach Sichtfeldgröße müssen die $\bar{x}(\lambda)$, $\bar{y}(\lambda)$, $\bar{z}(\lambda)$ Funktionen
durch die $\bar{x}_{10}(\lambda)$, $\bar{y}_{10}(\lambda)$, $\bar{z}_{10}(\lambda)$ Funktionen in den Gleichungen substituiert werden.

Aus den drei Werten X, Y und Z können die Koordinaten im CIE-Farbraum x, y, z wie folgt berechnet werden:

$$x = \frac{X}{X + Y + Z}$$
$$y = \frac{Y}{X + Y + Z}$$
$$z = \frac{Z}{X + Y + Z} \tag{2.4}$$

Es gilt: $x + y + z = 1$. Somit müssen nur zwei der drei Koordinaten angeben werden, um eine Farbe eindeutig zu bestimmen.

2.1.3 Farbtemperatur

Um Licht, welches für einen Menschen nicht farbig (weiß) erscheint, näher beschreiben zu können, wird die Farbtemperatur T_C (CCT, engl. correlated color temperature) einer Lichtquelle definiert. In Abbildung 2.2 ist die Kurve eines schwarzen Strahlers (auch als Planckscher Kurvenzug bezeichnet) eingezeichnet. Dieser Kurvenzug entspricht den Farbkoordinaten x und y einer idealisierten thermischen Strahlungsquelle bei verschiedenen Temperaturen zwischen 2000 (gelblich) und 20000 (bläulich) Kelvin. Dabei wird unterschieden zwischen warmweißen ($T_C < 3300$ K), neutralweißen (3300 K $\leq T_C \geq 5300$K) und kaltweißen ($T_C > 5300$K) Lichtquellen.

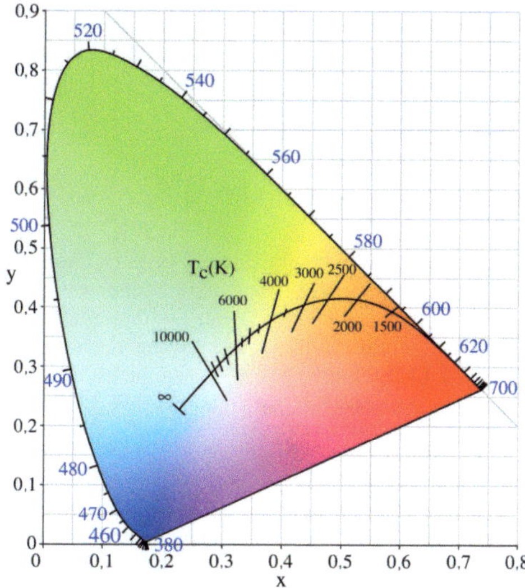

Abbildung 2.2: CIE 1931 (x, y) Farbraumdiagramm; T_C kennzeichnet die Farbtemperatur eines schwarzen Strahlers. Bildquelle: Gemeinfreiheit

Ein beispielhafter schwarzer Strahler ist die CIE Normbeleuchtung „A" mit einer typischen Glühlampencharacteristik.

Seine Farbtemperatur ist die eines schwarzen Strahlers bei 2856 Kelvin.

Sind die Koordinaten x und y der Lichtquelle bekannt, kann die Farbtemperatur aus dem CIE 1931 Farbraumdiagramm abgelesen oder über die kubische Gleichung von McCamy [7] folgendermaßen berechnet werden:

$$T_C(x,y) = 449n^3 + 3525n^2 + 6823{,}3n + 5520{,}33 \text{ wobei } n = \frac{x - 0{,}3320}{0{,}1858 - y}. \qquad (2.5)$$

Laut [8] liefert diese Formel eine gute Näherung für Farbtemperaturen von 2000 K bis 12500 K.

2.2 Lichterzeugung mit LED und OLED

Die Beleuchtungstechnik wird und wurde durch die Ablösung der bisherigen, „konventionellen" Leuchtmittel Glühlampe, Halogenglühlampen, Halogenmetalldampflampe, und (Kompakt-)Leuchtstoffröhre durch die LED revolutioniert. Die Vorteile der LED sind eine wesentlich größere Lebensdauer, höhere Effizienz und eine im Betrieb einstellbare spektrale Verteilung des abgestrahlten Lichtes. Der Marktanteil von LED-basierten-Leuchtmitteln und LED-Leuchten steigt rasant an. Durch politische Entscheidungen wie das Glühlampenverbot in der EU und den hohen Schadstoffgehalt von Kompaktleuchtstoffröhren werden diese beiden Leuchtmittel sehr bald vom Markt verschwinden. OLEDs weisen ähnliche Vorteile wie LEDs auf, jedoch ist die OLED-Technologie für die Beleuchtungstechnik noch in einem Nischenstadium. Ihr herausragendes Merkmal, eine prinzipbedingt flächige Lichtabstrahlung, kann Ihnen in der Zukunft mit der Einführung von effizienten Produktionstechnologien zum Durchbruch verhelfen.

2.2.1 Aufbau und Wirkungsweise einer LED

Spezielle Halbleiterdioden, welche bei einem Betrieb in Vorwärtsrichtung einen Teil der elektrischen Eingangsleistung in optische Ausgangsleistung wandeln, werden als LED bezeichnet. Ihre Grenzschicht wird dabei mit freien Ladungsträgern überschwemmt und die Elektronen rekombinieren strahlend unter Aussendung von Licht. Der interne Aufbau und die Wirkungsweise einer LED wird in Quelle [4] ausführlich beschrieben. Im Folgenden wird eine kurze, für die nachfolgenden Kapitel aber wichtige, Einführung gegeben.

Elektrolumineszenz – die Fähigkeit eines Materials, Licht auszusenden, wenn dieses von einem elektrischen Strom durchflossen wird – wurde 1907 von H. J. Round an Siliziumkarbid entdeckt[9, 10]. Durch geeignete Materialwahl war es dem Entdecker möglich, Licht mit verschiedenen Wellenlängen zu erzeugen. Die technische Anwendung dieses Effektes erfolgte erst 1961 mit der Entwicklung der ersten Infrarot-Leuchtdiode im Bereich zwischen 870 nm bis 980 nm. Ein Jahr später gelang die Herstellung einer Leuchtdiode aus Galliumarsenid, welche Licht im sichtbaren Bereich (in diesem Fall die Farbe Rot) abstrahlte. Seit 1971 ist es möglich grün, orange und gelb leuchtende LEDs zu entwickeln und herzustellen. Jedoch konnte lange Zeit kein geeignetes Material für blau leuchtende LEDs mit einer akzeptablen Lichtausbeute gefunden werden. Erst 1993 wurde das Problem von der Firma Nichia durch Shuji Nakamura mit einer InGaN/GaN (Indiumgalliumnitrid/Galliumnitrid) Struktur gelöst, er erhielt 2014 dafür den Nobelpreis. Durch diese Entdeckung wurde die

Entwicklung weißer LEDs[2] mit großer Lichtleistung möglich. Um weißes Licht mit nur einem LED-Chip zu erzeugen, muss dieser im ultravioletten oder blauen Spektralbereich Licht abstrahlen und mit einer Leuchtstoffbeschichtung versehen sein. In dieser Schicht werden Teile des abgestrahlten Spektrums von kurzwelligem in langwelliges Licht gewandelt, das abgestrahlte Spektrum erscheint weiß.

Für kommerziell gehandelte weiße LEDs liegt der Effizienzrekord bei $164\,\mathrm{lm\,W^{-1}}$ bei $700\,\mathrm{mA}$ und einer Farbtemperatur von $5000\,\mathrm{K}$ gemessen an einer Serien LED des Typs 319A von *Nichia* [11]. Im Labor wurden $249\,\mathrm{lm\,W^{-1}}$ erreicht [12]. Der theoretische Maximalwert ist abhängig vom Spektrum des weißen Lichts und liegt im Bereich von 250 bis $350\,\mathrm{lm\,W^{-1}}$ [13]. Zum Vergleich, die Effizienz einer Glühfadenlampe liegt, je nach elektrischer Leistung, bei circa $10\,\mathrm{lm\,W^{-1}}$.

Wird eine ausreichend hohe Vorwärtsspannung an eine LED angelegt, so kommt es zu einem Stromfluss durch das Bauelement und es gelangen Elektronen von der n-dotierten Seite (Kathode) auf die p-dotierte Seite (Anode). Die Löcher bewegen sich in die Gegenrichtung. Mit dem Erhöhen der Vorwärtsspannung nimmt die Dichte der freien Ladungsträger (Elektronen-Loch-Paare) stark zu und es kommt zu neutralisierenden Vereinigungen – Rekombinationen.

Hierfür können drei Arten von Prozessen unterschieden werden:

- Shockley-Read-Hall-Rekombination

- Auger-Rekombination

- Strahlende Rekombination

Nur die strahlende Rekombination führt zu einem nutzbaren Photon, welches aus der LED ausgekoppelt werden kann. Je höher die Stromdichte in einem LED-Chip, desto weniger strahlende Rekombinationen finden statt. Dieser *efficency droop* genannte Effekt ist noch nicht vollständig erforscht [14, 15]. Die Wellenlänge des ausgesendeten Lichtes wird von der Größe der Bandlücke des Halbleiters (E_G) bestimmt und nach Gleichung 2.6 berechnet.

$$\lambda = \frac{h\,c}{E_\mathrm{p}} \text{ mit } E_\mathrm{p} \approx E_\mathrm{G} \tag{2.6}$$

Beispiele für eingesetzte Halbleitermaterialien sind Aluminiumgalliumindiumphosphid (AlGaInP) mit $\lambda = 636\,\mathrm{nm}$ oder InGaN mit $\lambda = 470\,\mathrm{nm}$. Weitere Varianten sind in Quelle [16] unter Tabelle 1.1 zu finden.

LED-Halbleitermaterialien können je nach Verhalten der Bandlücke in direkte und indirekte Halbleiter unterschieden werden. In einem Halbleiter mit direkter Bandlücke besitzen Elektronen in einem Minimum des Leitungsbandes und Löcher in einem Maximum des Valenzbandes den gleichen Impuls. Dies erhöht die Wahrscheinlichkeit einer strahlenden Rekombination. In einem indirekten Halbleiter gibt es einen Impulsunterschied zwischen dem Minimum der Elektronen und dem Maximum der Löcher. Siehe hierzu auch Abbildung 2.3.

Für eine Rekombination in einem indirekten Halbleiter ist eine dritte Komponente, ein Phonon[3], nötig, um die Impulsdifferenz aufzubringen. Indirekte Halbleiter besitzen somit eine

---

[2]LED, welche Licht mit einem Farbort auf der Kurve eines schwarzen Strahlers abstrahlen, siehe Abschnitt 2.1.3)

[3]Phonon sind Quasiteilchen um Gitterschwingungen mit einem vereinfachten Modell beschreiben zu können.

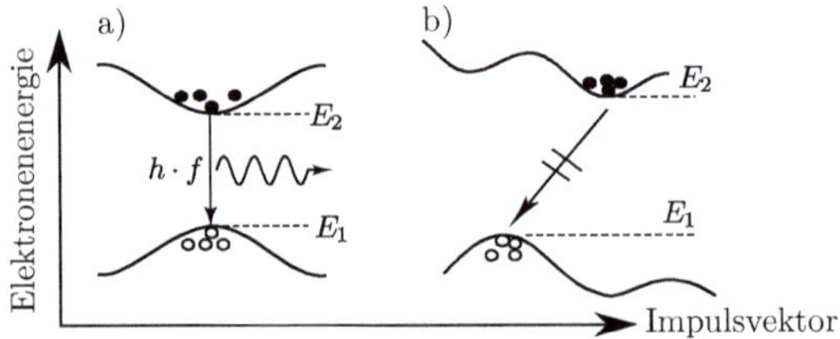

Abbildung 2.3: a) Direkte Rekombination in einem Material mit einer direkten Bandlücke wie GaN und b) indirekte Rekombination in einem Material mit einer indirekten Bandlücke wie beispielsweise SiC (Siliciumcarbid). Nachgezeichnet von Quelle [16]

wesentlich niedrigere Rekombinationswahrscheinlichkeit für einen Band-zu-Band Übergang und werden für LEDs nicht mehr genutzt.

Farbige LEDs bestehen aus mindestens drei unterschiedlichen Materialschichten. Eine schematische Darstellung zeigt Abbildung 2.4. Die erste, (untere) Schicht (beispielsweise

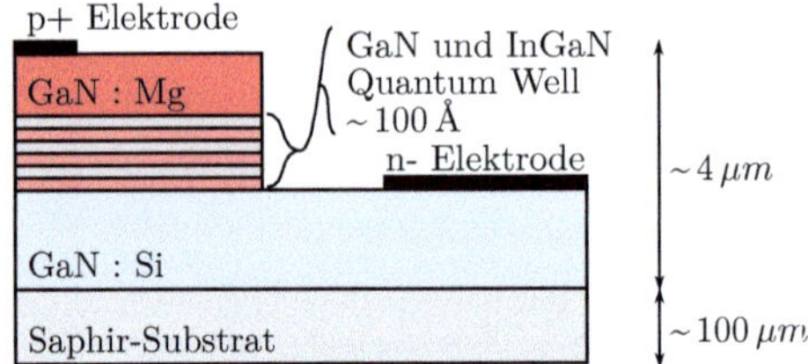

Abbildung 2.4: Halbleiteraufbau einer farbigen LED

GaN dotiert mit Silizium (Si), n-dotiert) bildet die Kathode und besitzt eine große Zahl an freien Elektronen. Auf die Kathoden werden mehrere wechselnde dünnere Schichten von Materialien, welche eine kleinere Bandlücke als die erste Schicht aufweisen, aufgebracht. Beispiele für Materialien sind InGaN oder GaN. Diese Schichten werden als *Quantum Well* bezeichnet und haben eine Dicke von 1 bis 30 nm. Sie sind dünner als die deBroglie Wellenlänge der Elektronen im Halbleiter und bilden eine „ Falle" für Ladungsträger, welche eine effiziente Rekombination befördert. Über diesen *aktiven* Schichten wird ein Material mit einer hohen Löcherdichte (Beispielsweise p-GaN dotiert mit Magnesium (Mg), p-dotiert) aufgebracht, dieses bildet die Anode.

2.2.2 Weiße LEDs

Um weißes Licht zu erzeugen, sind mindestens zwei unterschiedliche Wellenlängen nötig. Dies kann durch den Einsatz von mehreren verschieden farbigen LEDs geschehen, hat jedoch viele Nachteile wie Temperaturabhängigkeit, ungleichmäßige Alterung der LED-Chips und ein verteiltes, schmalbandiges Spektrum. Durch die Nutzung eines Phosphors und die Bestrahlung desselben mit kurzwelligem Licht (blau) sind LEDs mit einem sehr breiten abgestrahlten Spektrum (weiß) möglich. Der Phosphor wandelt Licht mit hoher- hin zu geringer Energie und somit kurzer zu langer Wellenlänge. Genutzt wird beispielsweise Yttrium-Aluminium-Granat, dotiert mit seltenen Erden wie Cerium (YAG:CE). Diese Verbindung kann blaues und ultraviolettes Licht absorbieren und gelbes Licht mit hoher

Effizient abstrahlen [17].

Phosphor-konvertierte, weiße LEDs werden aktuell für alle Anwendungen in der Allgemeinbeleuchtung eingesetzt und sind für Farbtemperaturen von 2000 bis 6500 Kelvin verfügbar. Durch den Einsatz mehrerer LED-Chips mit unterschiedlichen Phosphorbeschichtungen in einem Gehäuse können sehr einfach spektral einstellbare Leuchten mit guter Temperaturstabilität aufgebaut werden. Bei Nutzung von nur zwei verschiedenen weißen LEDs, beispielsweise mit 2700 und 6500 Kelvin Farbtemperatur, deren Strahlung zu einer gewünschten Farbtemperatur von 4000 Kelvin gemischt wird, ergibt sich ein violetter Farbstich für das Mischlicht. Dies resultiert aus der Krümmung der Planckschen Kurve (siehe hierzu auch Abbildung 2.2).

Je niedriger die gewünschte Farbtemperatur des Spektrums, desto geringer ist die Effizienz von Phosphor-konvertierten, weißen LEDs, da ein hoher Anteil der kurzwelligen Strahlung in der Wellenlänge hin zu langwelligen Anteilen verschoben werden muss. Um dieses Problem zu umgehen, kann das Licht Phosphor-konvertierter, ungesättigter, gelber LEDs mit der Strahlung gesättigter, roter LEDs gemischt und so langzeitstabil weißes Licht mit hoher Farbwiedergabequalität erzeugt werden [18]. Hierbei ist allerdings die genaue Kenntnis des Temperaturverhaltens beider LED-Chips und deren Alterungseffekte nötig. Daher werden die Chips nach ihren Eigenschaften zu passenden Paarungen zusammengestellt. Zusätzlich sorgt die Ansteuerelektronik für eine Kompensation auftretender Wellenlängenabweichungen bei der Dimmung der LEDs. Ein Beispiel für diesen Ansatz ist das *Cree LMR4* Modul. Nach dem gleichen Prinzip arbeiten auch *Philips HUE* Leuchten. Für weiterführende Informationen zu LED Modellierung und Temperatur- sowie Alterungseffekten sei auf die Literatur, wie [4, 19], verwiesen.

Die kleinen geometrischen Abmessungen der LED bieten große gestalterische Freiheiten, jedoch müssen aufgrund der sehr hellen, punktförmigen Lichtabstrahlung oft mehrere kleinere LEDs eingesetzt werden, um die Blendwirkung zu reduzieren. Durch den Einsatz von Diffusoren oder reflektierenden Blenden kann eine blendfreie Flächenbeleuchtung aufgebaut werden. Da hierbei der Wirkungsgrad der Leuchte sinkt, ist dies nicht optimal. Eine mögliche alternative sind OLEDs, welche prinzipbedingt Flächenlicht erzeugen.

2.2.3 Aufbau und Wirkungsweise einer OLED

Eine organische Leuchtdiode ist eine Leuchtdiode, deren Emissionsschicht aus organischen Materialien besteht. Diese Schicht ist eingebettet zwischen Elektroden (Anode und Kathode), von denen mindestens eine transparent ist. Erste Veröffentlichungen über Elektrolumineszenz in organischen Materialien gehen auf das Jahr 1953 zurück. 1987 wurden von der Eastman Kodak Company Patente für OLED mit kleinen Molekülen angemeldet, 1990 wurde der Effekt der Elektrolumineszenz auch für langkettige Polymere entdeckt. Kommerziell verfügbare OLED-Flächen für die Allgemeinbeleuchtung haben eine Größe von maximal $900\,cm^2$ und eine Effizienz von rund $90\,lm\,W^{-1}$ (starr) bzw. $50\,lm\,W^{-1}$ (flexibel) [20]. Sie sind jedoch noch sehr teuer und werden nicht in großen Stückzahlen gefertigt. Da für OLED im Labor bereits ähnliche Werte für die Effizienz wie für LED erreicht werden konnten, scheint auch bei diesen das Potential für die Weiterentwicklung vorhanden zu sein.

Der grundsätzliche Aufbau einer organischen Leuchtdiode ist in Abbildung 2.5 in einer schematischen Schnittdarstellung aufgezeigt.

Als Substratmaterial wird aufgrund der hohen Transparenz häufig Glas verwendet. Auf die Deckglasschicht wird eine für die zu emittierende Lichtwellenlänge transparente Elektrode aufgebracht, welche derzeit meist aus Indium-Zinn-Oxid (ITO) besteht. Jedoch ist man

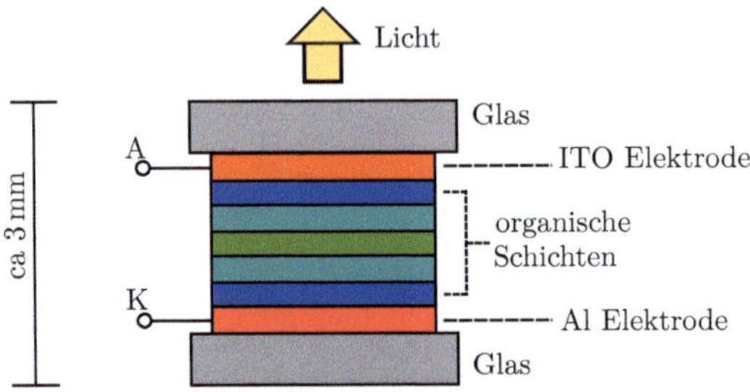

Abbildung 2.5: Schematischer Querschnitt durch eine OLED [21]

bestrebt das Material durch Aluminium-Zink-Oxyd zu ersetzen. Aluminium-Zink-Oxyd ist kostengünstiger und besitzt eine wesentlich höhere elektrische Leitfähigkeit [22]. Auf diese Elektrode sind verschiedene organische Schichten mit unterschiedlichen Aufgaben aufgebracht. In 2.5 übernimmt die ITO-Schicht die Aufgabe der Anode, danach folgen Löchertransport-, Elektronenblockier-, Emitter-, Löcherblockier- und Elektronentransportschicht. Bei einseitig emittierenden OLED wird die Kathode meist aus einer reflektierenden Aluminiumschicht gebildet. Zur Kapselung wird an der Unterseite eine zweite Glasscheibe aufgeklebt, welche die OLED vor Umwelteinflüssen schützt. Im Querschnitt wird die Dicke des Aufbaus hauptsächlich durch die zur Kapselung verwendeten Materialien bestimmt, die organischen Schichten selbst sind wenige Mikrometer stark.

Prinzipiell ist es möglich eine OLED mit nur einer organischen Schicht zu erzeugen, in dieser Schicht müssen dann, um Licht zu emittieren, folgende Prozesse ablaufen:

- Injektion von positiven und negativen Ladungsträgern in das organische Material

- Ladungsträgertransport zur Rekombinationszone

- Rekombination der Ladungsträger zu Singulett-Exzitonen (Elektronen-Loch-Paare mit entgegengesetztem Spin) unter Lichtemission

Die Vorgänge sollen für organische Materialien im Folgenden kurz erläutert werden, da sie sich in vielen Punkten von denen in anorganischen Halbleitermaterialien unterscheiden. Die Ausführungen basieren auf den Quellen [23, 24] und wurden durch den Autor in [25] beschrieben.

Ladungsträgerinjektion Wird eine ausreichend hohe Spannung in Durchlassrichtung angelegt, werden in der Anode Löcher in das HOMO (Highest Occupied Molecular Orbital, höchstes besetztes molekulares Orbital) injiziert, dies führt zur Bildung von Radikalkationen (positiv geladene Ionen mit mindestens einem ungepaarten Elektron). An der Kathode werden im LUMO (Lowest Unoccupied Molecular Orbital, niedrigstes unbesetztes molekulares Orbital) entsprechend Radikalanionen gebildet.

Ladungstransport In anorganischen Halbleitern wird die Struktur des Materials von starken interatomaren Kräften bestimmt. Im organischen Festkörper treten hingegen zwischen den Molekülen schwache intermolekulare Wechselwirkungen, wie elektrostatische Kräfte oder Van-der-Waals-Kräfte auf. Dadurch ist die Bildung von Bandstrukturen nur eingeschränkt möglich oder wird gänzlich unterbunden. Das klassische Bändermodell für organische Halbleiter kann den Ladungsträgertransport nur unzureichend beschreiben, es können sich zwar in gewissen Nahordnungen Bänder ausbilden, jedoch besitzen diese große Bandlücken und sind wesentlich schmäler. „Der Ladungstransport wird von lokalisierten Zuständen (Fallen) zwischen dem Leitungs- und Valenzband dominiert, diese sind energetisch und positionell ungeordnet. Ihr Abstand liegt in der Größenordnung molekularer Bausteine."[24] Der Transport zwischen den lokalisierten Zuständen geschieht über Hüpf- und Tunnelprozesse solange, bis kein energetisch günstigerer Zustand in der Nachbarschaft auffindbar ist. Die sich einstellenden Zustände können dann mit Gaussverteilungen, welche im klassischen Bändermodell den Bandkanten entsprechen, beschrieben werden. Diese Bandkanten sind aufgrund der statistischen Verteilung nicht scharf abgegrenzt. „Die Analogie zum Bändermodell des Halbleiters ist nur begrenzt zulässig, da dieses Modell von einer schwachen Elektron- Phonon -Wechselwirkung ausgeht. Es gilt nur, wenn die freie Elektronenweglänge sich über mehrere Gitterkonstanten erstreckt, und die Aufenthaltszeit an jedem Gitterplatz kurz ist. Da oft nicht auf die expliziten Bandeigenschaften zurückgegriffen wird, kann das Modell einen Ladungstransport in vielen Fällen ausreichend erklären ."[26]

Rekombination und Ladungsträgerbeweglichkeiten Durch Rekombination eines Radikalkations (M^{+*}) mit einem Radikalanion (M^{-*}) entsteht ein ungeladenes Exziton (M^{**}) [24].

$$M^{+*} + M^{-*} \Rightarrow M^{**} + M \tag{2.7}$$

Das angeregte Molekül kann unter Aussendung eines Lichtquants in seinen Grundzustand (M) zurückfallen, die Energie bestimmt die Wellenlänge des abgestrahlten Lichtes:

$$M^{**} \Rightarrow M + h\frac{c}{\lambda} \tag{2.8}$$

Die Lichtemission ist dabei theoretisch nur aus Singulettzuständen (angeregte Zustände mit entgegengesetztem Spin) möglich, d.h. es ist maximal eine interne Quantenausbeute aus der Spin-Statistik von 25% erreichbar. Der Übergang aus einem Triplett-Zustand (angeregter Zustand mit parallelem Spin zum Grundzustand) führt nur zu einer Wärmeabgabe und keiner Lichtemission. Es wurden Triplett-Emitter gefunden, welche strahlende Übergänge ermöglichen. Diese sind phosphoreszierende (Fähigkeit, nach einem Bestrahlen nachzuleuchten) Emitter mit schweren Atomen wie Iridium und umgehen die Auswahlregeln. Dadurch können alle Exzitonen in Licht umgewandelt werden [27] [28].

Mehrschicht-OLED Um den Wirkungsgrad der OLED weiter zu erhöhen, werden in der Praxis Mehrschichtanordnungen eingesetzt. Die Rekombinationszone wird von den Elektroden weg in das Innere der Diode verlagert. Da die Elektronen in den organischen Materialien eine geringere Beweglichkeit aufweisen als die Löcher (in Silizium ist dies umgekehrt, dort ist die Elektronenbeweglichkeit höher), können Löcher an der Grenze zur Emitterschicht „gesammelt" werden und dort auf die Elektronen „warten". Die Löchertransport-, Elektronentransport- sowie Emitterschichten können auf ihre speziellen Aufgabenbereiche hin optimiert werden und die Lichtausbeute verbessert sich wesentlich.

2.2.4 Nutzung von spektral einstellbaren OLEDs in speziellen Anwendungen

Im Jahr 2007 wurde das erste serienmäßig mit LED als Hauptbeleuchtung ausgestattete Schienenfahrzeug von *Bombardier* in Zusammenarbeit mit der Professur für Leistungselektronik an der TU Dresden entwickelt. In Fortführung dieser Arbeit wurde im Forschungsprojekt LOIGB (LED– und OLED– Integration in Glas- und Kunststoffverbünde zum Einsatz in Beleuchtungssystemen elektrischer Bahnen) unter anderem die Nutzung von OLEDs für Anwendungen der Allgemeinbeleuchtung in Schienenfahrzeugen unter Mitwirkung des Autors untersucht. Ein Hauptaugenmerk lag dabei auf einem mechanisch stabilen und die OLED vor Umwelteinflüssen schützenden Schichtaufbau als Glasverbund in Form einer Gepäckablage. Zielstellung war es, die in der Ablage integrierten OLEDs dabei als spektral einstellbare, sich im Tagesverlauf ändernde, Hauptbeleuchtung des Abteils zu nutzen. Besondere Herausforderungen, wie ein blasenfreier Verguss der OLEDs in einen Glasverbund und nicht sichtbare Zuleitungen an den Beleuchtungselementen, konnten gelöst werden. In Abbildung 2.6 sind zwei Ergebnisse dargestellt.

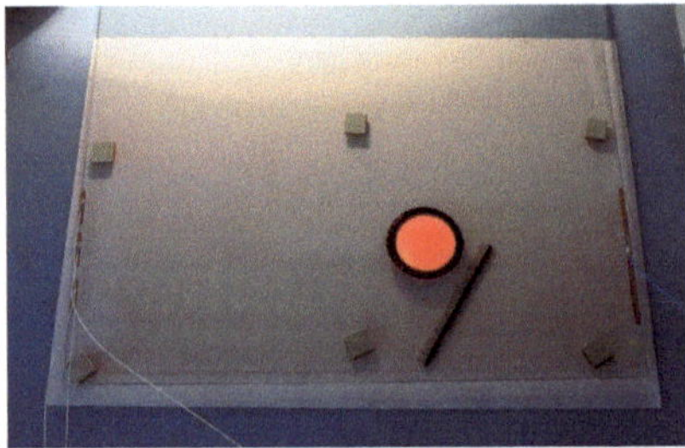

(a) OLED mit eingestelltem rotem Farbspektrum

(b) OLEDs mit eingestelltem grünem und blauem Farbspektrum

Abbildung 2.6: In einem Glasverbund vergossene, nicht sichtbar kontaktierte und spektral einstellbare OLEDs.

Spektral einstellbare OLEDs waren und sind bisher nicht kommerziell verfügbar. Die im Projekt genutzten Prototypen wurden durch den Projektpartner *Fraunhofer COMEDD* hergestellt. Die eingesetzten OLEDs wiesen eine sehr geringe Helligkeit und kurze Lebensdauer auf, jedoch konnte das Potential der Technologie in diesem Projekt erfolgreich gezeigt werden.

In dieser Arbeit wird die OLED nicht weiter betrachtet, alle Ausführungen zur Farbmischung und Ansteuerung gelten aber äquivalent zu LED. Als weiterführende Literatur sei auf [23–25, 28, 29] verwiesen.

2.2.5 Spektral einstellbare und farbortgeregelte LED-Systeme

Der Großteil der auf dem Markt befindlichen LED-Leuchtensysteme für die Allgemeinbeleuchtung sind in ihrem Spektrum nicht gezielt steuerbar, es verändert sich nur durch unerwünschte Effekte wie Alterungs- und Temperatureinflüsse.

In der Unterhaltungs-, Film- und Fotoindustrie wurde die LED sehr schnell in vielen Produkten eingesetzt und ermöglichte sehr kompakte, spektral einstellbare, leistungsfähige Bühnenlichtquellen. Durch die Variation des Lichtspektrums in Mikroskopen und automatischen optischen Inspektionssystemen ist es möglich, verschiedene Merkmale im Bild besonders hervorzuheben[19]. Diesen Produkten ist ein hoher Preis und eine spezielle Abstimmung der möglichen Spektren auf den jeweiligen Einsatzzweck gemein.

Mit Einführung der *Philips HUE* Produkte wurden 2012 die ersten spektral einstellbaren Leuchten für den Massenmarkt verfügbar. Durch eine Programmierung kann die Farbtemperatur der Leuchte sich im Tagesverlauf automatisch an externe Ereignisse anpassen oder einer vorgegebenen Sollkurve folgen. Mit dem Preisverfall von LEDs können Leuchten für den Endanwender mit mehreren verschiedenen (weißen) LED-Chips bestückt und durch gezielte Ansteuerung im Spektrum beeinflusst werden. Das Einstellen des Lichtspektrums in der Allgemeinbeleuchtung muss sowohl nach Produktivitäts- [30–33] Wohlfühl- [34, 35] als auch nach biologisch sinnvollen Kriterien erfolgen und gleichzeitig durch den Nutzer akzeptiert sein. Biologisch wirksame Leuchten werden in Abschnitt 2.5 vorgestellt. Wie eigene Arbeiten zeigen, kann gerade in Verkehrsmitteln durch gezielt eingesetzte Leuchten eine angenehme Atmosphäre und erhöhte Nutzerzufriedenheit erreicht werden. In Abbildung 2.7 sind verschiedene Lichtszenarien in einem ICE-T Erprobungszug der Deutschen Bahn dargestellt. Der Aufbau des Beleuchtungssystems erfolgte unter Mitwirkung des Autors.

(a) Lichtstimmung DB Logo　　(b) Lichtstimmung Blau　　(c) Lichtstimmung Bunt

Abbildung 2.7: ICE-T Erprobungszug der Deutschen Bahn mit, unter Mitwirkung des Autors entstandener, spektral einstellbarer Beleuchtung.

Kritisch ist die Farbstabilität bei einer großen Anzahl, gleichzeitig für den Betrachter sichtbarer, Leuchten mit gleichem Sollfarbort, da schon sehr kleine spektrale Unterschiede vom Auge des Menschen leicht wahrgenommen werden können [3, 4]. Farbunterschiede sind häufig in langen beleuchteten Korridoren von Flugzeugen und Zügen sichtbar. Für das Flugzeug Boing 787 Dreamliner ist eine spektral einstellbare LED-Kabinenbeleuchtung als Sonderausstattung erhältlich. Um bei der langen erwarteten Lebensdauer die entsprechende Farbortstabilität der Beleuchtung in 30 Metern Kabinenlänge sicherzustellen, ist nach jeweils einem Meter ein *True Color* Farbsensor von *Mazet* optisch eingekoppelt. Der Sensor erhält gemischtes Licht der LEDs des Abschnitts. Unter Einbeziehung der Stromquellen wird ein Regelkreis aufgebaut, um Alterungs- sowie Temperaturdrift der LEDs auszugleichen. Der Farbsensor arbeitet mit Interferenzfiltern für jeden der drei Farbkanäle und zeigt quasi keine Alterungseffekte [36].

Eine Farbortregelung für mehrkanalige LED-Systeme ist noch nicht als Stand der Technik anzusehen und wird aktuell nur selten im Hochpreissegment eingesetzt. Beispiele sind ein LED-Leuchter [37] und die *Tunable White PREMIUM* Leuchte von *Mentor* [38]. In der Literatur werden die theoretischen Abläufe einer Farbortregelung beispielsweise in [39, 40] beschrieben. Der Farbsensorhersteller *ams Sensors Germany* veröffentlichte auch mehrere Applikationshinweise [41–44]. In Ansätzen sind direkt auf Firmwareebene in den Applikationshinweisen [45, 46] und [47] die Algorithmen für eine Farbortregelung beschrieben, allerdings ist die Umsetzung in konkrete Produkte nicht trivial. Ein Vorschlag für eine Umsetzung in einem Mikrocontroller für eine Schreibtischleuchte wird in Kapitel 3.5 diskutiert.

Eine Farbortreglung für Leuchten wird im Förderprojekt *InnoSys* [48] untersucht und mit einer Präsenzdetektion kombiniert. Parallel dazu wird im Projekt *FEEDLED* der Einsatz von neu entwickelten plasmonischen Farbsensoren erforscht [49]. Diese Sensoren können kostengünstig viele unterschiedliche Farbkanäle (4-20 Kanäle) messen und werden qualitativ zwischen Dreikanalfarbsensoren (welche drei unabhängige Farbkanälen aufweisen) und Spektrometern (welche, abhängig von der Auflösung im Wellenlängenbereich, sehr viele unabhängige Farbkanäle aufweisen) platziert. Einsatzgebiete für diese Sensoren sind Spezialleuchten für den medizinischen Einsatz.

Dreikanalfarbsensoren können nach gesonderter Kalibrierung für die Vermessung von Tageslicht und Kunstlicht eingesetzt werden. Mit den Informationen über das Außenlicht wird die Beleuchtung in Innenräumen angepasst. Dies wurde in den Schienenfahrzeugen der Albula-Bahn umgesetzt [50]. Dort wird die Beleuchtung gezielt in Beleuchtungsstärke und Farbtemperatur in Abhängigkeit des Außenlichts, der Jahreszeit und der Außentemperatur, nachgeführt. Die Steueralgorithmen wurden durch den Autor mitentworfen, ein Steuerschema ist in Abbildung 2.8 gezeichnet. Wichtig bei allen Einsatzszenarien von spektral

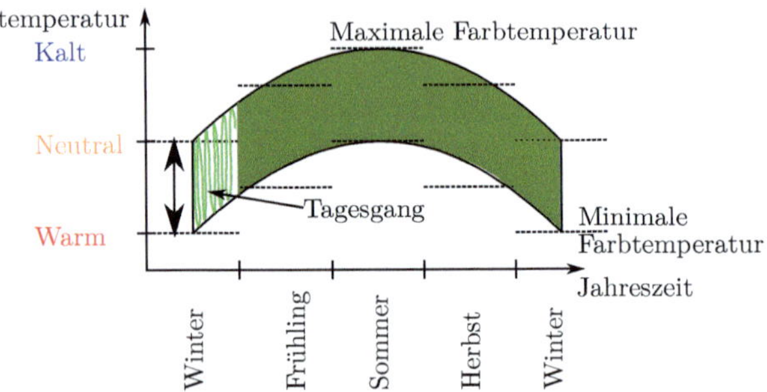

Abbildung 2.8: Schema einer Farbtemperatursteuerung in Abhängigkeit der Jahreszeit und des Außenlichtes

einstellbaren Leuchten ist eine möglichst vollautomatische Steuerung des Systems und eine Integration in die Umgebung. Der Nutzer darf nicht durch eine Vielzahl von einstellbaren Szenarien überfordert werden. Mit diesen Randbedingungen und durch eine kostengünstigere Fertigung der Komponenten für mehrkanalige Leuchten in großen Stückzahlen wird die Verbreitung dieser Lichtsysteme stark zunehmen.

2.2.6 Stromversorgung und Treiber

Aufgrund der sehr großen Marktbreite der Stromversorgungstopologien für LED-Treiber
wird im Folgenden eine generelle Einteilung ohne Anspruch auf Vollständigkeit vorgenommen. Grundsätzlich lassen sich zwei Varianten von LED-Stromversorgungen unterscheiden,
eine Konstantspannungs- oder eine Konstantstromspeisung. Die verschiedenen Varianten
sind in Abbildung 2.9 aufgezeigt und werden im Folgenden kurz erläutert.

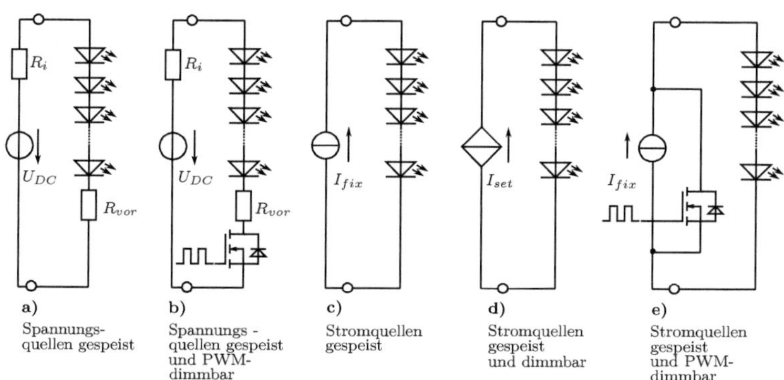

Abbildung 2.9: Schaltungsvarianten für die Stromversorgung von LEDs in Reihenschaltung

- **a) Spannungsquellen gespeist** ist die einfachste Variante für den Betrieb von
  LEDs. Der Innenwiderstand des Gleichspannungsnetzteils R_i, der Vorwiderstand
  R_{vor} und der interne Serienwiderstand der LED bestimmen den Anstieg der U-I
  Kennlinie. Der Strom durch die LEDs (und damit der Lichtstrom) schwankt durch
  Bauteiltoleranzen und Temperatureinflüsse sehr stark. Kleine Regelabweichungen in
  der Spannungsquelle führen aufgrund der Diodenkennlinie zu einer großen Strom-
  und damit Lichtstromänderung. Mehrere LED-Reihenschaltungen können mit jeweils
  einem eigenen Vorwiderstand parallel an einer Spannungsquelle betrieben werden.

- **b) Spannungsquellen gespeist und Pulsweitenmoduliert(PWM)-dimmbar**
  Durch das Einbringen eines Schalters in den LED-Stromkreis kann der mittlere
  Strom durch die LED-Reihenschaltung über das Tastverhältnis des pulsweiten-
  modulierten Schaltsignals gesteuert werden. Als Schalter wird sehr häufig ein n-
  Kanal-MOSFET(Metal Oxid Semiconductor Field Effect Transistor) verwendet. Eine
  Parallelschaltung mehrerer LED Reihenschaltungen wie in a) ist ebenso möglich.

- **c) Stromquellengespeist** Alle Varianten mit einer Stromquelle benötigen keinen
  Vorwiderstand zum Betrieb und weisen oft geringere Lichtstromschwankungen der
  LEDs auf als die Variante a) und b), da kleinere Regelabweichungen in der Quelle
  sich linear auf den Lichtstrom der LEDs auswirken.

- **d) Stromquellengespeisst und dimmbar** Ist der Strom in der Stromquelle einstellbar ändert sich der Lichtstrom der LEDs annähernd linear in gleichem Anteil.

- **e) Stromquellengespeist und PWM-dimmbar** Ist der Strom in der Stromquelle
  nicht einstellbar, kann diese über einen pulsweitenmodulierten Schalter kurzgeschlos-
  sen oder die Stromquelle selbst mit einem niederfrequenten pulsweitenmodulierten
  Signal ein- und ausgeschaltet werden.

Für viele der aufgeführten Topologien sind integrierte Schaltkreise (die, je nach Leistungs-
klasse, nur wenige externe Bauelemente benötigen) und Applikationshinweise verfügbar.
Ein Beispiel für eine Auswahlhilfe ist [51]. Die verwendeten Stromformen beeinflussen
die Effizienz und das Spektrum der LEDs. Zu diesen Themen sei auf die Literatur wie
beispielsweise [4, 52, 53] verwiesen.

Für die Ansteuerung der Leuchte in den anschließend vorgestellten Untersuchungen wird
eine dimmbare Stromquelle wie in Variante d) eingesetzt, da Flimmereffekte (siehe unten)
unbedingt vermieden werden müssen und über die Stromquelle eine gute Konstanz der
Beleuchtungsstärke erreicht werden kann. Um auch für sehr kleine Beleuchtungsstärkesoll-
werte eine gute Einstellbarkeit zu erreichen, wird die Stromquelle für Sollwerte unter 10 %
des Nennwertes über ein PWM-Signal ein und ausgeschaltet. Der verwendete Aufbau ist in
Abschnitt 3.4 beschrieben.

Flimmereffekte „Direkt wahrnehmbares Flimmern wird durch einen periodischen Wechsel
von Lichtreizen hervorgerufen, die vom visuellen System weder als getrennte Einzelreize noch
verschmolzen wahrgenommen werden. Es handelt sich dabei um die sichtbare Pulsation einer
Lichtquelle [54]." Bei allen genannten Ansteuerungsvarianten kann es zu Flimmereffekten
kommen, wobei die Varianten b und e besonders anfällig sind, da dort eine, im Vergleich zur
Schaltfrequenz in der Strom- und Spannungsquelle, oft niederfrequente PWM-Dimmung
eingesetzt wird. In [54] werden Flimmereffekte ausführlich untersucht. Die Kernaussage ist,
dass für eine PWM-Frequenz oberhalb von 700 Hz von den Probanden kein Flimmern mehr
wahrgenommen wird. Die PWM-Frequenz in den eingesetzten Untersuchungsleuchten liegt
bei 770 Hz, und damit oberhalb des Grenzwertes.

2.3 Grundlagen zur Aufnahme von optischer Strahlung im Auge des Menschen

Die Detektion von optischer Strahlung im Auge des Menschen geschieht in der Retina.
Diese beinhaltet komplexe Zellschichten mit drei verschiedenen Photorezeptoren: Zapfen,
Stäbchen sowie ipRGC-Zellen. Zapfen und Stäbchen sind mit dem Sehnerv über verschiedene
Signalverarbeitungszellen verbunden. Zu nennen sind hier Ganglien-, Amakrin-, Bipolar-
und Horizontalzellen. Diese Signalverarbeitung bildet aus den optischen Reizen verschiedene
addierte und subtrahierte Signale, aus denen das Gehirn das Umgebungsbild rekonstruieren
kann. Für weiterführende Informationen siehe [3, 4].

Stäbchen sind für das Dämmerungssehen mit einer höheren Empfindlichkeit als Zapfen
ausgestattet und sollen im Folgenden nicht weiter betrachtet werden.
Der Mensch besitzt drei verschiedene Zapfentypen S, M und L. Sie sind für das Farbsehen
verantwortlich, haben unterschiedliche spektrale Empfindlichkeiten, und werden Blau-,
Grün- und Rotzapfen genannt. ipRGC-Zellen enthalten das Pigment Melanopsin und
steuern den circadianen[4] Rhythmus. Sie wurden im Jahr 2001 entdeckt [55, 56].

In Abbildung 2.10 sind die relativen spektralen Sensitivitäten der verschiedenen Zellen
dargestellt.

---

[4]Bezeichnet innere Rhythmen welche eine Periodenlänge von 24 Stunden aufweisen. Ein Beispiel hierfür
ist der Schlaf-Wach-Rhythmus – „innere Uhr".

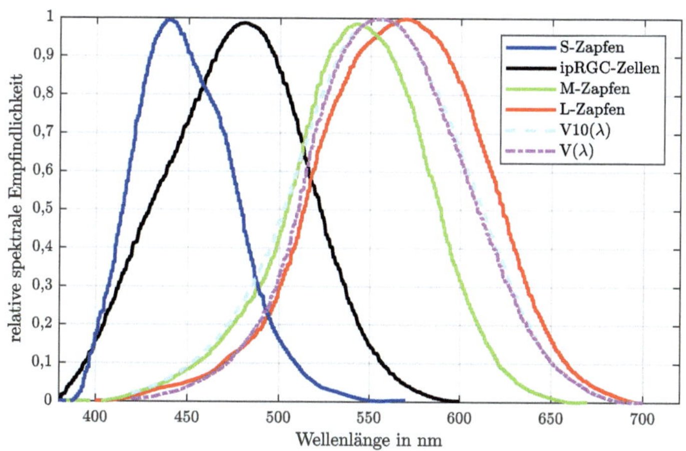

Abbildung 2.10: Relative spektrale Empfindlichkeit der L, M und S Zapfen (für 2 Grad Beobachter) sowie der ipRGC-Zellen und die $V(\lambda)$ Kurve für den 2 und 10 Grad Beobachter. Datenquelle: [6]

2.3.1 Nichtvisuelle Wirkungen

Der interne Tag-Nacht-Rhythmus ist der Hauptzeitgeber des Menschen und wird täglich neu durch Lichtstimulation synchronisiert. Mit der Entdeckung der ipRGC kann ein wichtiger Bestandteil dieses Regelungssystems besser beschrieben werden. Die Zellen sind nicht gleichförmig über die Retina verteilt, ihre Verteilungsdichte ist in der unteren Hälfte wesentlich höher als in der oberen. Allerdings existiert auch kein Fleck, ähnlich der Fovea, mit einer sehr hohen Konzentration. Um alle ipRGC-Zellen maximal zu stimulieren, sollte die Lichtquelle daher nicht punktförmig sein, sondern großflächig im oberen Sichtfeld leuchten. Durch Stimulation dieser Zellen kommt es zur Einwirkung auf die innere Uhr im SCN (Suprachiasmatischer Kern, engl. suprachiasmatic nucleus). Im SCN erfolgt die Steuerung der Ausschüttung des Hormons Melatonin. Abbildung 2.11 zeigt den Tagesgang von Melatonin. Steigt die Konzentration von Melatonin an, so werden wir müde, die biologische Nacht beginnt. Eine Stimulation der ipRGC-Zellen unterdrückt die Ausschüttung von Melatonin am Abend.

In aktuellen Studien [57–62] zu nichtvisuellen Wirkungen von Licht am Menschen kann festgestellt werden, dass

- nächtliche Lichtexposition die Aufmerksamkeit erhöht.

- Helles, weißes Licht (mehr als 2000 Lux am Auge) reduziert:

    - die Schläfrigkeit,

    - niederfrequente (Theta und Alpha) Hirnströme,

    - und die Melatoninausschüttung.

Gleichzeitig führt diese Lichtexposition laut Literatur zu einer Erhöhung von:

- der Aufgabenausführungsgeschwindigkeit,

- Körpertemperatur und Herzfrequenz,

- sowie der Hochfrequenz- (Beta und Gamma)-Anteile im EEG (Elektroenzephalogramm).

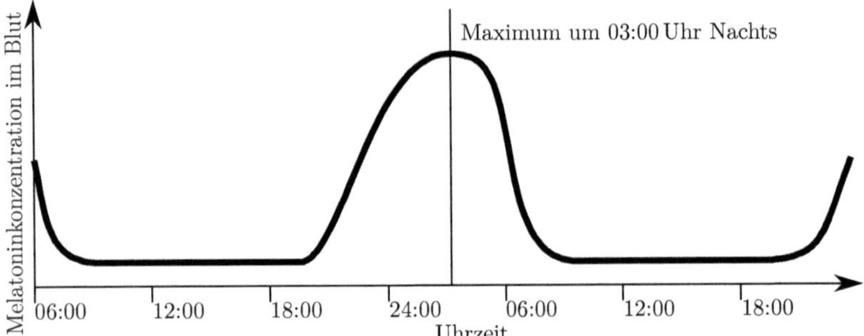

Abbildung 2.11: Zyklus des Schlafhormons Melatonin über 24 Stunden. Adaptiert nach [63]

Einige Studien zeigen, dass eine Steigerung der Aufmerksamkeit bei Lichtexposition sehr stark von der Melatoninunterdrückung abhängig ist [61, 64]. In [65] konnte kein Unterschied zwischen zwei Lichtspektren mit einem hohen roten oder blauen Anteil nach einer Dunkelphase im EEG festgestellt werden.

Zusammenfassend ist die Datenlage zu den nichtvisuellen Wirkungen von Licht noch sehr gering und eine große Menge weiterer Grundlagenforschung nötig.

2.3.2 Modelle des visuellen Systems und nichtvisueller Wirkungen von Licht im Menschen

Aus Sicht der Wissenschaft wird einem unbekannten, zu charakterisierenden System meist eine Modellbildung der weiteren Erforschung vorangestellt. Speziell in der Informationstechnik, welche sich bekannterweise u.a. mit Signalen, Informationen und systemtypischen Algorithmen befasst, ist solch eine Modellierung quasi immer nötig. Bei Zugrundelegung des aktuellen medizinischen Wissens über die nichtvisuellen Wirkungen von Licht bestimmter Wellenlänge ergibt sich nun folgende Fragestellung:

Kann eine Modellbildung mit fraglos vielen notwendigen Annahmen unter Nutzung von technischen Elementen aus der Informationstechnik (Quellen, Leitungen, Schalter, Sensoren, Verstärker...) für die Aufnahme von Lichtspektren im menschlichen Auge und deren Verarbeitung durchgeführt werden?

Eine Literaturrecherche dazu zeigt, dass erste Ansätze durchaus vorhanden sind und für weiterführende Untersuchungen eine enge Kooperation zwischen den technischen Wissenschaften und der Medizin unabdingbar ist.

Für eine vereinfachte Analyse des visuellen Systems und nichtvisueller Wirkungen von Licht im Menschen, werden deren Funktionen in Teilsysteme zerlegt.

Diese Teilsysteme können in Modellen nachgebildet werden. Für das visuelle System ist die Funktionsweise weitestgehend bekannt und in der Literatur dokumentiert [1–4].

Für die Steuerung des Tag/Nacht Rhythmus durch das circadiane System existieren mathematische Beschreibungen schon sehr lange [66]. Jedoch ist es bisher nicht gelungen externe Einflussgrößen (technisch gesehen: Störgrößen) mit einzubeziehen. Beispiele für diese Modelle sind in Abbildung 2.12 aufgezeigt.

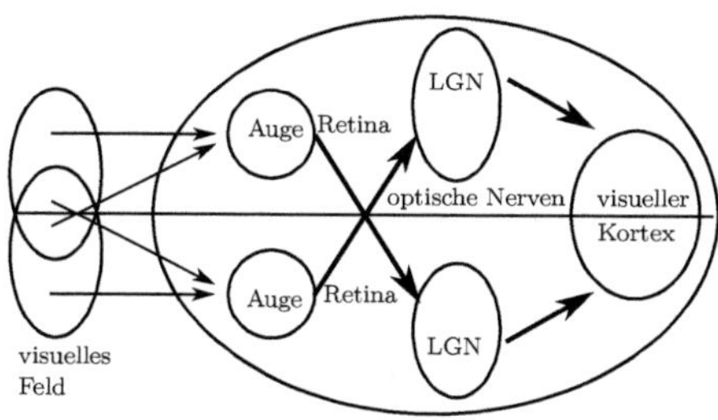

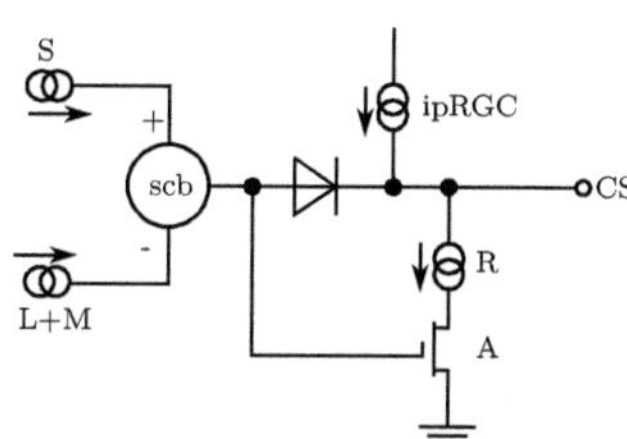

(a) Schema der Wege der visuellen Information zum und im menschlichen visuellen System. Adaptiert von [4]

(b) Model der Lichtaufnahme im Auge, mit CS- circadianer Stimulus, S- S Zapfen Photorezeptor, scb - Zapfen Bipolarzelle, L+M - L und M Zapfen Photorezeptor, ipRGC - ipRGC-Zelle, R - Stäbchen basierter Stromshunt, A - Amakrintransistor. Adaptiert von [67]

Abbildung 2.12: Beispiele für eine Modellbildung des (nicht)visuellen Systems

In [68] wird versucht, ein von Kronaer [69] aufgestelltes Modell des circadianen Rhythmus durch eine geschlossene Regelschleife zu erweitern. In einer Simulation kann die Erholung von einer 12-Stunden Zeitverschiebung durch gezieltes Einwirken von sehr hellem Licht von 7 auf 2.5 Tage verkürzt werden.

In Abbildung 2.13 wurden die vorhandenen Informationen zu einem Modell der Wirkung von Licht auf den Menschen zusammengefügt und schon bekannte Übertragungsfunktionen der Streckenparameter angegeben.

Im Forschungsprojekt NiviL wurden mögliche Eingangs-, Stör- und Ausgangsgrößen des circadianen System im Menschen zusammengefasst [70] und ihre Wirkungen untersucht. Siehe hierzu Abbildung 2.14. Das Projekt wird im folgenden Abschnitt näher vorgestellt, als Maßgabe sollen die Wirkbeziehungen zwischen ausgewählten Variablen in diesem Modell bestimmt werden.

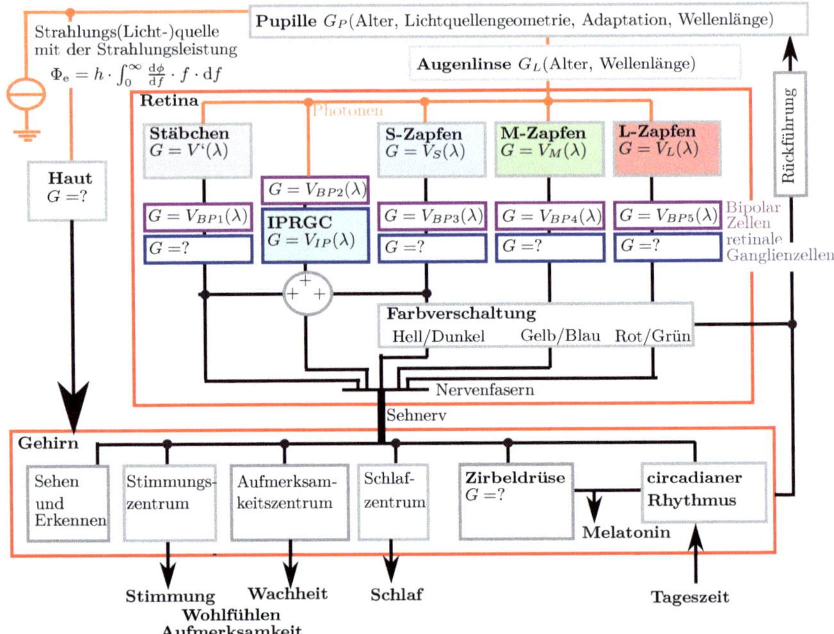

Abbildung 2.13: Modellierung der Wirkung von Licht im Körper des Menschen durch Zusammenführung der Informationen aus [67, 71–73]

2.4 Forschungsprojekt NiviL

Das vom Bundesministerium für Bildung und Forschung im Rahmen der Photonik Forschung Deutschland geförderte Forschungsprojekt NiviL hat folgende Zielstellung:

„Innerhalb des Verbundvorhabens erheben Ingenieure, Ärzte und Sozialwissenschaftler gemeinsam Parameter, die für die nichtvisuellen Wirkungen von Licht verantwortlich sind. Dafür werden in verschiedenen Lebensbereichen des Menschen Beleuchtungssysteme installiert, die es gestatten, eine Ursache-Wirkung-Beziehung zu analysieren. Hiermit können die Anwendungsfelder bestimmt werden, die durch den Einsatz entsprechender Beleuchtung den größten Nutzen versprechen. Aus den Projektergebnissen können so Empfehlungen für den Bau und den Einsatz von Beleuchtungssystemen abgeleitet werden, die es ermöglichen, gesundheitsförderliche nichtvisuelle Effekte mit den Mitteln der Allgemeinbeleuchtung zu generieren und gleichzeitig unerwünschte Wirkungen zu vermeiden. Aufseiten von Herstellern und Anwendern können Fehlentwicklungen und Fehlinvestitionen vermieden werden. Mithilfe von Maßzahlen und Richtlinien für eine adäquate Beleuchtungsgestaltung wird für den flächendeckenden Einsatz entsprechender lichttechnischer Produkte zum Beispiel in Seniorenheimen und Bundesbauten eine hinreichende Sicherheit gegeben.
Das übergeordnete Interesse des Projektes liegt somit in der Verbesserung der Lebensqualität und Gesundheit der Bevölkerung. Darüber hinaus lässt sich als sekundäres Ziel die

Sicherung von Arbeitsplätzen in Deutschland im Bereich der Lampen- und Leuchtenindustrie definieren. Zudem wird erwartet, dass eine nichtvisuelle Beleuchtungsplanung deutlich höhere Anforderungen mit sich bringt, was weitere Arbeitsplätze schafft." [74]

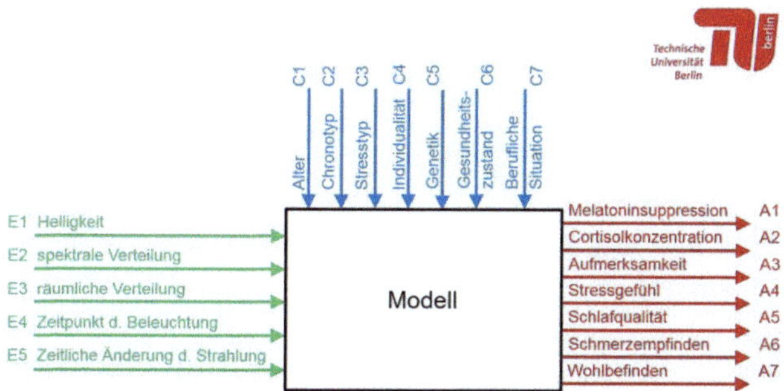

Abbildung 2.14: Eingangs-, Modulations- und Ausgangsgrößen des nichtvisuellen Systems im Menschen [75]

Das Projekt ist in mehrere Teilprojekte gegliedert, die von mehreren Projektpartnern betreut werden:

- **Universität Tübingen:** Untersuchung der biologischen Wirkungen optimierter Lichtverteilungen im Alter

- **Charité Berlin, AG Medizinische Photobiologie:** Grundlagenuntersuchungen zur Melatoninsuppression und Gesundheitsförderung durch Licht

- **TU Berlin, Fachgebiet Lichttechnik:** Entwicklung eines Modells für die Beschreibung nichtvisueller Wirkungen

- **Sporthochschule Köln** Grundlagenuntersuchungen von lichtinduzierten Stressparametern am Beispiel von Cortisol

- **Klinikum Fürth und Universität Erlangen-Nürnberg:** Nichtvisuelle Effekte von blauem Licht: Plastizität der Somatosensorik und Nozireption, therapeutische Effekte beim neuropathischen Schmerz

- **Universitätsklinikum an der TU Dresden** siehe unten

Für die Projektpartner an der Charité Berlin, der TU Berlin sowie der Sporthochschule Köln wurden im Rahmen dieser Dissertation ähnliche Beleuchtungssysteme aufgebaut wie sie auch in den Untersuchungen für die hier beschriebenen Studien an der TU Dresden verwendet wurden.

2.4.1 Teilprojekt Universitätsklinikum an der TU Dresden

Bei Patienten mit einer Bipolar-I Erkrankung wird vermutet, dass die Auswirkungen von Licht auf den Melatoninspiegel am Abend im Vergleich zu gesunden Kontrollpersonen sehr viel stärker sind [76–79]. Die Merkmale der Bipolar-I Erkrankung sind in Abschnitt 2.4.2 beschrieben. Im Teilprojekt werden zwei Studien, A und B, durchgeführt, mit denen eine

Überprüfung dieser Hypothese erreicht werden soll. Das Studiendesign wird ausführlich in den Kapiteln 5.1 sowie 5.3 erläutert und wird hier kurz vorgestellt.

- **Studie A, Melatoninsuppression**
  In Studie A, durchgeführt im Winter 2015/16, werden die Auswirkungen von rotem und blauem LED Licht auf den Melatoninspiegel und das EEG bei Patienten mit einer Bipolar-I Erkrankung im Vergleich zu gesunden Personen untersucht. Als Vergleichskriterium dient eine Dunkelbedingung.

- **Studie B, Phasenverschiebung**
  In Studie B, durchgeführt im Winter 2016/17, werden die Auswirkungen von weißem Licht am Abend auf die circadiane Phasenverschiebung bei Patienten mit einer Bipolar-I Erkrankung im Vergleich zu gesunden Personen untersucht.

Diese rein medizinischen Aspekte setzen klar definierte und reproduzierbare Versuchsbedingungen für evidenzbasierte Ergebnisse voraus. Problematisch an den meisten zitierten Studien ist, dass das genaue Lichtspektrum unklar, die im Auge ankommende Lichtdosis durch unterschiedliche Pupillengrößen unterschiedlich oder die Probandenzahl sehr gering ist. Hieraus ergibt sich eine Aufgabenstellung an die beteiligten Ingenieursdisziplinen: eine möglichst gute Dokumentation der Lichtmenge und des Spektrums sowie die Konstanz dieser Größen über den Versuchszeitraum.

Im Rahmen dieses Teilprojektes wurde vorliegende Arbeit erstellt. Es können aus den Untersuchungen zu den Bipolar-I Patienten weitere Fragestellungen abgeleitet werden. Diese sind in Kapitel 2.8 beschrieben.

2.4.2 Biplolar-I Erkrankung

Die Bipolare Störung, auch manisch-depressive Erkrankung genannt, ist eine psychiatrische Erkrankung, durch die Phasen extremen Hochgefühls (Manie) und Stimmungstiefs (Depression) im Patienten auftreten. Diese Stimmungslagen sind viel stärker als bei gesunden Menschen ausgeprägt und führen zu Selbstüberschätzung, gesteigerter Aktivität, Kaufrausch und Selbstmordabsichten. Bipolar-I und II unterscheiden sich in der manischen Phase, für eine Bipolar-I Diagnose muss mindestens eine ausgeprägte manische Phase vorhanden sein, ist diese schwächer ausgeprägt (Hypomanie) spricht man von einer Bipolar-II Erkrankung. In Abbildung 2.15 ist der Stimmungsverlauf der Bipolaren Erkrankung in einer Prinzipskizze dargestellt.

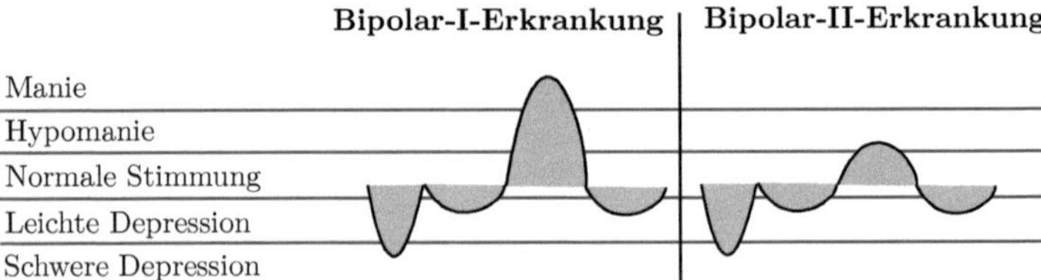

Abbildung 2.15: Prinzipskizze von manischen und depressiven Phasen in der Bipolar-I und II -Erkrankung

Ein wesentliches Merkmal bei affektiven - insbesondere Bipolaren - Störungen sind Disruptionen biologischer Rhythmen. Dies betrifft die circadiane Rhythmik mit veränderter Schlafcharakteristik aber auch die circannuale (jahreszeitliche) mit saisonal abhängigen Stimmungsepisoden. Eine Synchronisation der endogenen Rhythmen mit der Umwelt erfolgt über nichtvisuelle Lichtrezeption. In den Studien soll die Wirkung verschiedener Licht-spektren auf die Melatoninsuppression und Phasenverschiebung bei Patienten mit einer Bipolaren Störung und gesunden Personen verglichen werden. Die daraus resultierenden physiologischen Effekte sind zu charakterisieren. Die Ergebnisse sollen für ein verbessertes Verständnis der Zusammenhänge zwischen nichtvisueller Lichtrezeption und veränderter circadianer Rhythmik dienen.

2.5 Biologisch wirksame Leuchten

Biologisch wirksame Leuchten oder Lichttherapiegeräte werden von vielen Herstellern am Markt platziert. In Abbildung 2.16 sind Beispiele aufgezeigt.

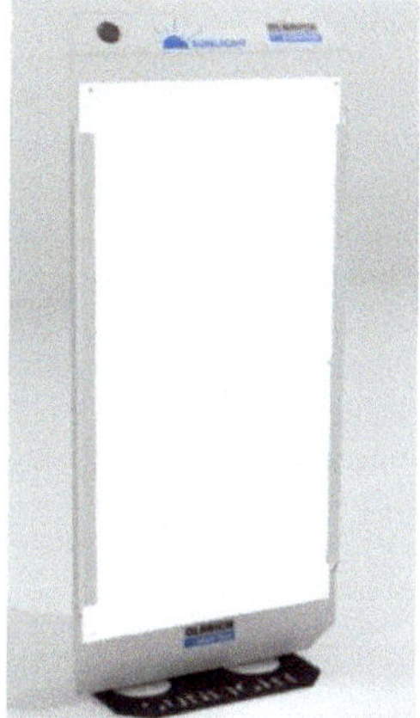

(a) Standgerät für Arztpraxen Sunlight SLT Pro [80]

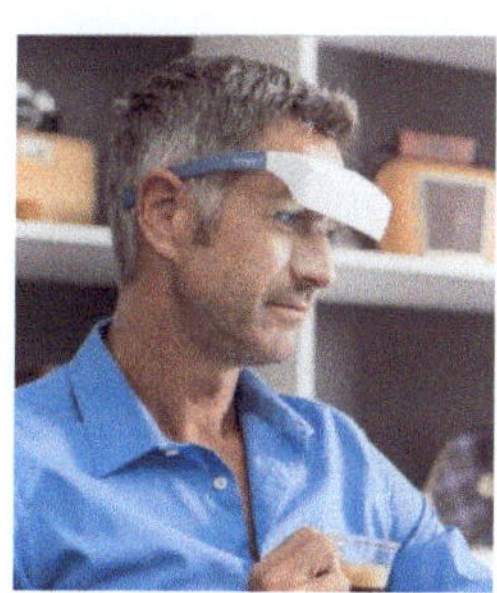

(b) Lichttherapiebrille Lumi-nette [81]

(c) Tischgerät Philips HF3419 [82]

Abbildung 2.16: Beispielhafte, für den Heimgebrauch vorgesehene Lichttherapiegeräte.

Die Hersteller geben ein breites Einsatzspektrum, wie zum Beispiel eine Therapie gegen Schlafmangel und Winterdepression, an. Problematisch bei allen Geräten ist allerdings die nicht exakte Dosierung des Lichts. Bei Stand- und Tischgeräten wird die Leuchtdichte am Auge entscheidend vom Abstand zum Gerät beeinflusst. Die Lichttherapiebrille umgeht diesen Effekt. Die Exposition wird bei diesem Gerät hauptsächlich durch unterschiedliche Pupillengrößen und dem Alter des Nutzers beeinflusst.

In Passagierflugzeugen kann auf einem Langstreckenflug der Jetlag signifikant gemindert werden, wenn eine biologisch wirksame Beleuchtung in der Kabine installiert ist [83]. Auch im ICE 4 der Deutschen Bahn wird im Großraumwagen eine spektral sich mit dem Tagesverlauf ändernde Beleuchtung genutzt, diese soll laut Bahn ein entspanntes Reisen ermöglichen.

Jede Leuchte hat einen biologischen Effekt, jedoch ist die Stärke signifikant vom Spektrum und der am Auge ankommenden Lichtmenge abhängig. Die in vorhergehenden Kapiteln angesprochenen Mechanismen gezielt zu nutzen, um Menschen zu beeinflussen, muss gleichzeitig kritisch hinterfragt werden. In einem Zug hat jeder Mensch seine eigene innere Uhrzeit und es muss genau geprüft werden, ob und in welchem Maße diese beeinflusst werden darf.

2.6 Methoden zur Quantifizierung von Nichtvisuellen Wirkungen

Um die nichtvisuellen Wirkungen von Licht zu charakterisieren und zu quantifizieren, werden in der Literatur viele verschiedene Verfahren wie unter anderem Sehleistungsmessung, Arbeitsleistungsmessung, Elektroenzephalografie, Herzratenmessung, Pupillographie, Messung von Hormonen im Blut, Messung von Hormonen im Speichel, Fragebögen und Reaktionstests angewendet. Die konkrete Fragestellung der Studien in dieser Arbeit zielt auf quantifizierbare Unterschiede zwischen verschiedenen Probandengruppen und Lichtspektren sowie die Messbarkeit einer circadianen Phasenverschiebung ab. Im folgenden wird ein Überblick über in der Literatur angewandte Verfahren gegeben und anschließend die in dieser Arbeit genutzten Verfahren vorgestellt.

Für die Quantifizierung der Wirkungen von veränderten Lichtbedingungen an Industriearbeitsplätzen wird in [84] auf Messgrößen wie Arbeitsleistung, Sehleistung und Kontrastempfindlichkeit zurückgegriffen. Diese lassen jedoch nur sehr wenige Rückschlüsse bezüglich allgemeingültiger Zusammenhänge der nichtvisuellen Wirkung des eingesetzten Lichtes zu, da sie sehr stark von weiteren Faktoren beeinflusst werden und die durchgeführten Versuche auf die konkrete Fragestellung der erreichbaren Arbeitsleistung abzielten. In [31] wird eine Verbesserung der Arbeitsleistung an (Büro-) Arbeitsplätzen durch eine Erhöhung der Sehleistung und dem aus EEG-Parametern abgeleiteten Stressniveau postuliert. Die gemachten absoluten Aussagen bezüglich einer möglichen Produktivitätssteigerung von 20 % bei einer Erhöhung der Beleuchtungsstärke von 300 auf 2000 Lux sollten kritisch hinterfragt werden. In [33, 34, 85] werden Fragebögen für die Hauptfragestellungen wie Arbeitsleistung, Wohlbefinden und Raumeindruck eingesetzt. Die deutsche Lichttechnische Gesellschaft gab 2015 einen Fragebogen zur Bewertung von Lichtsituationen heraus, um die Vergleichbarkeit verschiedener Studien zu ermöglichen und die Ergebnisse zu standardisieren.

Im Literaturreview in [86] werden Studien zu akuten aufmerksamkeitsbeeinflussenden Effekten von Licht betrachtet, allerdings werden nur Studien mit subjektiven Fragebögen oder simplen Reaktionszeitmessungen inkludiert.

Im Rahmen des NiviL-Projektes wird unter anderem ein Hörtest zur Messung der Reaktionszeit, Bewegungssensoren zur Bestimmung der Aktivität der mit Licht exponierten Personen und der d2 Leistungstest zur Quantifizierung der Wirkung veränderter Kunstlichtsituationen eingesetzt.

Ein Großteil der bisher aufgeführten Methoden messen die physiologischen und psychischen Veränderungen nur indirekt über einen Fragebogen oder über eine schnelle Reaktionszeit und schließen dann auf eine erhöhte Aufmerksamkeit oder eine bessere Schlafqualität. Da die im Rahmen dieser Arbeit durchgeführten Studien in einem sehr definierten Umfeld im Universitätsklinikum Dresden durchgeführt wurden, war es möglich, direkt „körperinterne" Merkmale wie unter anderem den Spiegel verschiedener Hormone, die Pupillengröße, das EEG oder auch die Herzfrequenz zu messen. Diese Merkmale werden im Folgenden kurz erläutert und ihre bisherige Anwendung in der Literatur für die Quantifizierung von Lichtwirkungen vorgestellt. Weitere, hier nicht betrachtete, Messgrößen können Verläufe der Körpertemperatur oder auch das Aktivitätsprofil eines Probanden sein.

An der Universität Lyon wird aktuell der Einfluss von Blendung auf Pupillographie, Veränderungen der Blickbewegungen, Elektromyographie, Elektrokardiographie sowie Elektroenzephalografie untersucht[87]. Bei Fertigstellung dieser Arbeit waren noch keine Ergebnisse verfügbar.

2.6.1 Pupillographie

Veränderungen in der Größe der Pupille spiegeln die Aktivität des autonomen Nervensystems, den emotionalen Status sowie kognitive Funktionen wieder. Dabei muss zwischen Pupillenunruhe bzw. lichtinduzierter und schläfrigkeitsbedingter Pupillenoszillation unterschieden werden. Erstere zeichnen sich durch Frequenzen von 0,3 bis 1 Hz mit Amplituden unter 0,3 mm aus. Durch Müdigkeit verursachte Oszillationen werden als *fatigue waves* - Schläfrigkeitswellen bezeichnet. Ihre Frequenz liegt unter 0,5 Hz und die Amplitude kann mehrere Millimeter betragen [88]. Da die Amplitude von der Schläfrigkeit abhängig ist, kann daraus ein objektives Kriterium abgeleitet werden [89, 90]. In Quelle [91] wird der pupillographische Schläfrigkeitstest (PST) als ein valides Mittel zur Beurteilung von Schläfrigkeit eingeschätzt. Im PST wird die Pupille mittels einer Kamera beobachtet (standardmäßige Bildwiederholfrequenz 25 Hz) und in jedem aufgenommenen Bild die Pupillengröße berechnet. Für eine erste Tiefpassfilterung werden mehrere Pupillengrößenwerte gemittelt (standardmäßig 16) und anschließend die Differenz zwischen den Mittelwerten summiert und auf eine Minute normiert[90]. Dieser Wert wird als Pupillenunruheindex (PUI) bezeichnet, siehe hierzu Abbildung 2.17.

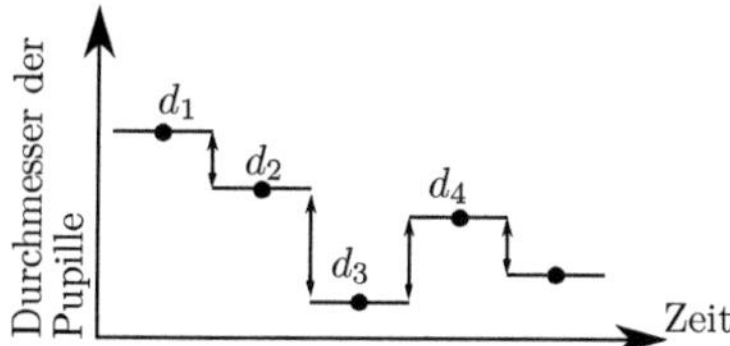

Abbildung 2.17: Berechnung des Pupillenunruheindex. Die absoluten Unterschiede von Mittelwerten aus 16 Datenpunkten werden aufsummiert und auf eine Minute normalisiert. Nachgezeichnet nach Quelle: [90]

Die Berechnung erfolgt nach Gleichung 2.9.

$$ PUI = \frac{Korrekturfaktor}{k} \sum_{n=1}^{k} |d_n - d_{n+1}| \qquad (2.9) $$

mit k=Anzahl der Messwerte und d_n=Mittelwert aus 16 Pupillenmesswerten. In der Literatur wird der PUI mittels einer Infrarotkamera bei Dunkelheit gemessen [88, 92–97], in Quelle [98] wird das Verfahren auch für beleuchtete Umgebungen genutzt und der Nachweis erbracht, dass sich die Schläfrigkeitswellen auch im Hellen messen lassen. Für die Auswertung wird in Quelle [95] auf die eine logarithmische Normalverteilung der PUI Werte hingewiesen und eine Umrechnung der PUI Werte mit dem natürlichen Logarithmus vorgenommen. Eine weitere Möglichkeit, die Veränderung der Pupillengröße zu charakterisieren, besteht in einer Frequenzanalyse der gemessen Werte. Im Rahmen dieser Arbeit wird nur der PUI aufgrund seiner einfachen Berechnung für die Pupillengrößendatenauswertung genutzt.

2.6.2 Herzfrequenz

Die Herzfrequenz oder Herzschlagfrequenz beschreibt die Anzahl der Herzschläge pro Zeiteinheit und wird oft auf eine Minute bezogen. Als Richtwert gilt für einen gesunden Erwachsenen eine Frequenz von ca. 55 bis 80 Schlägen pro Minute. Diese Ruhefrequenz ist abhängig vom Alter, der körperlichen Verfassung und dem Flüssigkeitshaushalt des Organismus [99].

Die Herzfrequenz kann mit auf der Brust aufgeklebten Elektroden durch ein Elektrokardiogramm (EKG) gemessen werden. Beispielhafte Messwerte eines EKG und die Bestimmung der Herzfrequenz sind in Abbildung 2.18 zu finden. Herzfrequenz und Pulsfrequenz stimmen bei gesunden Menschen weitgehend überein. Die Pulsfrequenz beschreibt die Bewegung des Bluts in den Adern, verursacht durch Herzschläge. Nicht jeder Herzschlag muss zu einer Pulswelle führen. Die Pulsfrequenz kann vergleichsweise einfach mit Pulsgurten, Pulsuhren oder auch mit kontaktlosen, kamerabasierten photoplethysmography Systemen (cbPPG) bestimmt werden.

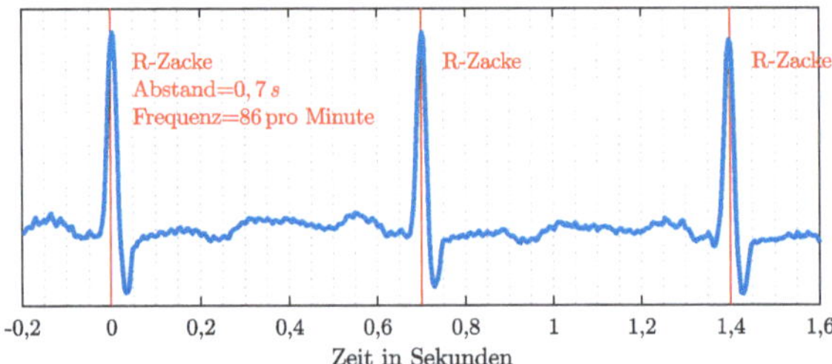

Abbildung 2.18: Elektrokardiogramm welches über zwei Brustelektroden aufgezeichnet wurde. Die markierte R-Zacke zeichnet sich durch die größte elektrische Aktivität im Herzen aus und ist leicht zu detektieren. Der Abstand zwischen zwei R-Zacken wird für die Ermittlung der Herzfrequenz genutzt.

Über Hormone wird die Herzfrequenz an die jeweiligen Bedürfnisse des Organismus angepasst. Diese Adaptionsfähigkeit beschreibt die Herzfrequenzvariabilität (Heart rate variabilty, HRV). In den [100, 101] werden verschiedene Arten für die Messung der HRV aufgeführt. Laut Quelle [102] wird die Standardabweichung der zeitlichen Abstände zwischen zwei Herzschlägen (als SDNN, standard deviation of normal to normal R-R intervals bezeichnet) häufig in der Literatur genutzt und oft zusätzlich eine Klassifikation im Frequenzbereich über einen hochfrequenten (HF: 0,15 bis 0,4 Hz) bzw. niederfrequenten (NF: 0,04 bis 0,15 Hz) Anteil im Spektrum in einem 5 Minuten Messabschnitt durchgeführt. Die zugehörigen Berechnungen sind standardisiert und in der *biosig* Toolbox für Matlab implementiert. Das *heartratevariability()* Skript kann aus einer nicht äquidistant abgetasteten Zeitreihe (entspricht den RR-Intervallen) alle HRV Parameter berechnen. Wichtig ist eine vorherige Filterung der Zeitreihe um Anomalien wie zusätzliche Herzschläge (Extrasystolen) und Messfehler aus der Zeitreihe zu entfernen.

In der Literatur wurde die HRV in den [99, 103] zur Bewertung von Lichtspektren genutzt. In ersterer konnte ein signifikanter Unterschied zwischen der blauen und roten Expositionsbedingung gezeigt werden. Die Lichtexposition in der Studie erfolgt für 10 Minuten durch rote und blaue Farblichtgläser, welche mit Tageslicht beleuchtet wurden. Die Beleuchtungsstärke wird mit jeweils rund 95 Lux aber ohne Messbedingung angegeben.

In [103] wird die HRV zur Messung von Unterschieden zwischen dynamischer und statischer Beleuchtung eingesetzt. Bei statischer Beleuchtung ist der Puls der Probanden niedriger sowie der pNN50 (und damit die HRV) höher. In der Interpretation wird geschlussfolgert, dass die Probanden unter statischem Licht entspannter und weniger aktiviert zu sein scheinen.

2.6.3 Bestimmung von Hormonwerten

Der aktuelle Stand der inneren Uhr des Menschen lässt sich über das Hormon Melatonin im Blutserum oder Speichel bestimmen. Diese Hormonkonzentration ändert sich im Tagesverlauf, siehe hierzu Abbildung 2.11. Im Speichel ist dieser Hormonwert leicht messbar, jedoch ist die Abbildung des Melatoninverlaufs um ca. 45 Minuten verzögert und die Messgenauigkeit ist im Vergleich zu der Bestimmung im Blutserum wesentlich geringer. Der Einfluss von blauem Licht, welches die ipRGC stimuliert, ist am Abend direkt durch ein Absinken des Melatoninspiegels messbar. Dieser Zusammenhang konnte in Studie A auch nachgewiesen werden. In Abbildung 2.19 ist deutlich ein Einfluss des blauen gegenüber keinem (schwarz) oder rotem Licht zu erkennen. Der abendliche Anstieg in der Hormonkonzentration von Melatonin im Blut wird durch blaues Licht aktiv unterdrückt.

In [104] wurde der Einfluss von kurzwelligem Licht auf Befindlichkeit und Melatoninsynthese untersucht. Die Bestrahlungsstärke lag bei $E_B = 12\,\mu\mathrm{W\,cm^{-2}}$ bei einer Expositionsdauer von 60 Minuten. Die Ergebnisse zeigen, dass eine Beeinflussung der Befindlichkeit durch Lichtexposition für bestimmte Chronotypen und Geschlechtskombinationen möglich ist.

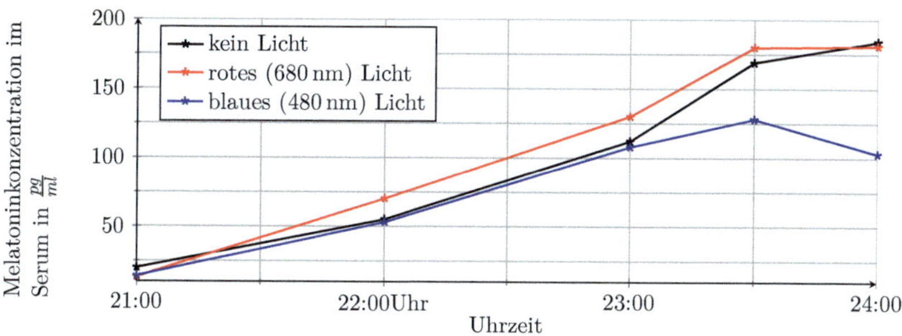

Abbildung 2.19: Einfluss von Licht auf das Hormon Melatonin anhand von Messwerten aus Blutproben eines Probanden aus Studie A. Die Lichtgabe erfolgte jeweils von 23 bis 23:30 Uhr mit einer Photonenzahl von jeweils $1{,}6 \times 10^{13}\,\mathrm{Photonen\,s^{-1}\,cm^{-2}}$ am Auge des Proben dessen Pupillen dilatiert waren. Für Details zu den Expositionsbedingungen siehe Kapitel 5.1.7.

2.6.4 Karolinska-Schläfrigkeitsskala

Die Karolinska-Schläfrigkeitsskala (KSS) wurde als eindimensionale Selbstauskunfts- Schläfrigkeitsskala entwickelt und mit EEG-Messungen im Alpha- und Theta- Frequenzband validiert [105]. Sie wird umfassend in der Literatur genutzt und gilt als Standard. Im folgenden sind die 9 Stufen der Skala aufgelistet, es existieren keine Zwischenwerte.

```
1 Sehr wach
2
3 Wach
4
5 Weder wach noch müde
6
7 Müde, aber keine Probleme wach zu bleiben
8
9 Sehr müde, große Probleme wach zu bleiben, mit dem Schlaf kämpfend
```

Die KSS-Werte werden als eine Ordinalskala erhoben, d.h. die Werte lassen sich in einer Reihenfolge sortieren, jedoch lässt sich über die Abstände zwischen den Werten keine Aussage treffen. Ein Wert von sechs bedeutet keine doppelte Müdigkeit im Vergleich zu einem Wert von drei. In der Literatur wie beispielsweise [105–107] werden trotz dessen arithmetische Mittelwerte aus den abgefragten KSS-Werten von Probanden gebildet. In den innerhalb dieser Arbeit beschriebenen Studien wird die KSS in Zeitintervallen von 30 bis 60 Minuten abgefragt und als Vergleichsinstrument für die anderen Auswertungen herangezogen.

2.6.5 Elektroenzephalografie

Im Folgenden werden für das Verständnis der Arbeit wichtige Begriffe eingeführt, für weiterführende Informationen sei auf die Literatur wie beispielweise [108, 109] verwiesen.

Elektroenzephalografie wird in der medizinischen Diagnostik und der neurologischen Forschung verwendet. Durch Messung von Spannungsschwankungen auf der Kopfoberfläche kann auf die summierte elektrische Aktivität des Gehirns geschlossen werden.
Die Amplituden im EEG liegen bei einer Messung direkt auf der Kopfoberfläche im Bereich bis maximal 100 µV. Die absoluten gemessenen Spannungswerte sind jedoch nicht zwischen Messungen vergleichbar, da sie ganz wesentlich von den Montagebedingungen der Elektrode und somit ihrer Messimpedanz abhängen. Bei den Messungen handelt es sich immer um das Differenzsignal einer Messpunktelektrode zu einer Bezugselektrode. Die verwendeten Verschaltungen der Elektroden sind abhängig von den Untersuchungszielen. Häufig wird für die Platzierung der Elektroden auf dem Schädel das „10-20-System" angewendet, hierbei werden charakteristische Bezugspunkte am Schädel definiert, die Entfernung dazwischen mit dem Maßband gemessen und anschließend in Zehner- bzw. Zwanzigerschritten unterteilt. Es ergeben sich 19 Elektrodenpositionen. In Abbildung 2.20 a) ist das „10-20-System" abgebildet und die in Studie A und B verwendeten Elektroden sind farblich hervorgehoben.

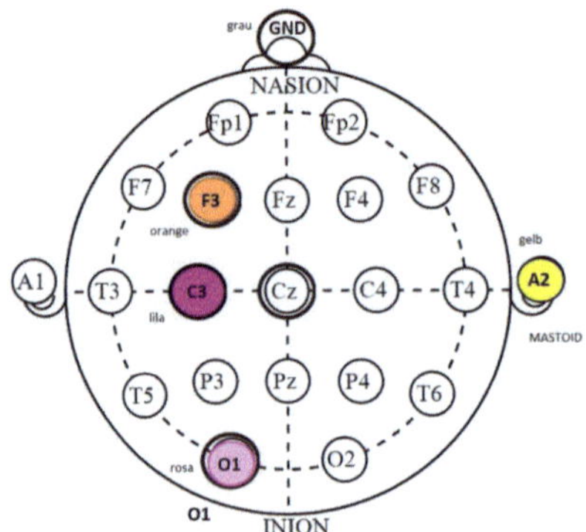

(a) EEG-Montage im „10-20-System", Bildquelle: Domino light Software von Somnomedics

(b) EEG-Goldnapfelektroden und Elektrodenpaste zu Kontaktierung

Abbildung 2.20: EEG-Montage und verwendete Ableitelektroden

Um die Potentialschwankungen im Hirn zu charakterisieren, wird eine Frequenzanalyse durchgeführt. Das ermittelte Spektrum ist in Frequenzbereiche unterteilt. Wird in einem dieser Bereiche eine Veränderung der Leistung im Vergleiche zu einer Referenz gemessen, so können spezifische Zustände oder Merkmale zugeordnet werden. In [110] sind die Merkmale der Frequenzbereiche zusammengefasst und werden hier wiedergegeben:

- Delta-Wellen (0,5 − 3,5 Hz): Sie sind charakteristisch für Tiefschlafzustände.

- Theta-Wellen (3,5 − 7,5 Hz): Dominieren das EEG bei und dem Übergang zum Schlaf. Sie wurden lange Zeit als Wachheitsindikator genutzt. Die Quelle der Theta-Wellen wird im Zwischenhirn vermutet [109], sie sind frontal und im zentralen Bereich gut messbar[111].

- Alpha-Wellen (7,5 − 12,5 Hz): Ein verstärkter Anteil von Alpha-Wellen wird als Entspannungsindikator im Wachzustand angesehen. Alpha-Wellen treten hauptsächlich im hinteren Bereich des Kopfes auf, können aber auch, je nach Wachheitszustand, im frontalen Bereich stark ausgeprägt sein [109, 112].

- Beta-Wellen (12,5 − 25 Hz): Beta-Rhythmen werden mit Aufmerksamkeitsprozessen in Verbindung gebracht. Sie treten häufig im zentralen und frontalen Bereich des Kopfes auf [109].

- Gamma-Wellen (über 25 Hz): Sie sind charakteristisch für starke Konzentration und Lernprozesse.

Im Review [113] sind 30 verschiedene (unterschiedlich in ihren Frequenzgrenzen) in der Literatur genutzte Definitionen der Alpha-Bänder aufgelistet, dabei wird oft auch eine Unterteilung in Untergruppen genutzt. Diese low-1-, low-2- und upper-Alpha-Bänder verhalten sich unterschiedlich bei gewissen Aufgaben [114, 115]. Zusätzlich wird festgestellt, dass Alpha-Wellen im hinteren Bereich des Kopfes eine niedrigere und im vorderen eine höhere Frequenz aufweisen. Es ist wünschenswert, Frequenzbänder nicht nur individuell sondern auch für den Ort der Aufzeichnung zu korrigieren, dies wird allerdings nur sehr selten in der Literatur durchgeführt.

Individuelle Frequenzbänder werden unter anderem in [113, 116–119] empfohlen und genutzt, dabei wird bei der Berechnung von einer individuellen Alpha-Frequenz (IAF) ausgegangen. Dieses Vorgehen wird als *individuelle Bänder feste Breite (IBFW)* bezeichnet im Gegensatz zu *feste Bänder feste Breite (FBFW)*. Eine weitere Möglichkeit ist das zusätzliche Justieren der Breite der Frequenzbänder je nach Position der IAF und einer Veränderung im Theta-Band. Dies wird als *individuelle Bänder individuelle Breite (IBIW)* bezeichnet und soll im Folgenden nicht weiter verfolgt werden.

In Abbildung 2.21 ist ein typisches Leistungsspektrum eines EEG dargestellt. Je nach Position des Maximums zwischen 6 und 13 Hz wird die IAF festgelegt. Alle Frequenzbänder werden mit einer Breite von 2 Hz nach der IAF ausgerichtet.

Durch kognitive Leistungen erhöht sich die IAF [119], dies muss bei der Auswertung beachtet werden. Eine Einschätzung, in welchem Frequenzband eine Leistungsänderung eine erhöhte Aufmerksamkeit oder Müdigkeit repräsentiert, erscheint nach dem Literaturstudium kontrovers. Sicher scheint, das Theta- und Alpha-Band sich gegensätzlich verhalten und ein Absinken der Leistung im Theta-Band oft mit einer sinkenden Aufmerksamkeit einhergeht [115].

Wichtig ist für die EEG-Auswertung die Unterscheidung zwischen offenen und geschlossenen Augen. Beispielsweise kommt es bei entspannter Wachheit und geschlossenen Augen zu einem stark ausgeprägten Alpha-Grundrhythmus. In [106] ist ein sehr deutlicher Unterschied bei offenen im Vergleich zu geschlossenen Augen im Zusammenhang zwischen Alpha-Wellenanteil und KSS-Wert aufgezeigt. Die Leistung im Alpha-Band steigt mit ansteigender Müdigkeit bei offenen Augen an und fällt mit geschlossenen Augen ab. Bei geringer

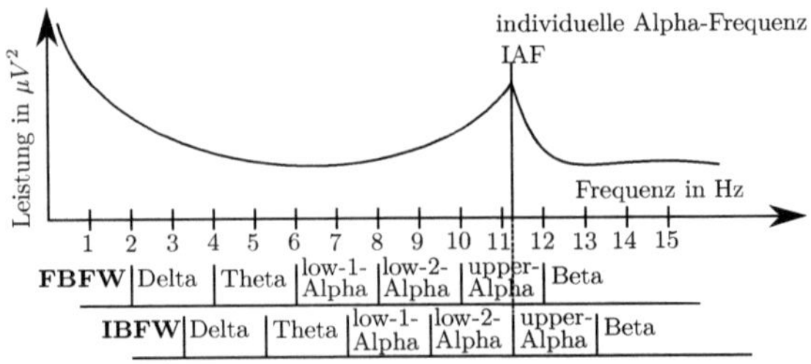

Abbildung 2.21: Leistungsspektrum eines EEG mit einer individuellen Alpha-Frequenz von 11,25 Hz. Zwei verschiedene Methoden, FBFW (feste Bänder, feste Breite) und IBFW (individuelle Bänder, feste Breite), ergeben unterschiedliche Ergebnisse bei der Auswertung. Die Zeichnung basiert auf [117].

Müdigkeit ist der Absolutwert der Leistung bei geschlossenen Augen etwa doppelt so hoch wie mit offenen Augen. Im Theta-Wellen-Bereich ist dieser Effekt weniger stark ausgeprägt.

2.7 Spektralanalyse für EEG Daten

Um ein aufgezeichnetes EEG auszuwerten, werden die aufgezeichneten Spannungsverläufe abschnittsweise auf ihre spektrale Zusammensetzung hin untersucht. Hierzu können je nach Elektrodenanzahl unterschiedliche Verfahren Anwendung finden.

Wurde das EEG mit allen Elektroden des „10-20-System" (siehe hierzu Abbildung 2.20 a) abgeleitet (gemessen), so kann eine *Independent Component Analysis of EEG data* (ICA) durchgeführt werden. Diese Technik erlaubt die Ursprungssignale, welche durch Artefakte verunreinigt sind, wiederherzustellen und anschließend eine räumliche Zuordnung der spektralen Anteile im EEG-Signal. Für diese Analysen kann die Software EEGLAB, eine Sammlung von Matlab Skripten, genutzt werden. Für EEG-Ableitungen mit nur wenigen Elektroden, wie es in den in dieser Arbeit besprochenen Studien der Fall ist, werden in fast allen Studien eigene Auswertealgorithmen zur Spektralanalyse eingesetzt. Ein Überblick über die möglichen Methoden ist in [120] aufgezeigt. Es gibt keinen einheitlichen Standard für diese Auswertungen, da jeweils die genaue Fragestellung und das Ablaufprotokoll der Studie mit in Betracht gezogen werden müssen.
Um zukünftige Untersuchungen zu erleichtern, ist in Kapitel 4.1 ein Leitfaden für EEG-Auswertungen aufgestellt.

2.7.1 Literaturreche zu EEG-Auswerteverfahren

Vor der EEG-Auswertung der Daten aus Studie A und B wurde eine Literaturrecherche zum möglichen Vorgehen durchgeführt. In die Betrachtungen wurden Studien zu nichtvisuellen Lichtwirkungen [58–62, 64, 65, 79, 121–124] aber auch eine Studie zur Wirkung von Koffein wie [125] und die Vorgehensweise der Validierung der KSS am EEG [106] einbezogen. Für eine spektrale EEG-Auswertung müssen viele Parameter wie beispielsweise Fast Fourier Transformation (FFT)-Fenstergröße, Filterfunktionen und Artefakterkennungsmethoden festgelegt werden. In Tabelle 2.1 sind einige davon aufgelistet und die Vorgehensweise in der Literatur angegeben. Es zeigt sich keine einheitliche Vorgehensweise, die Auswertung ist immer speziell auf das Studiendesign angepasst. Auffällig ist eine oft sehr kleine Probandenanzahl im Vergleich zu den im Rahmen dieser Arbeit durchgeführten Studien. Durch die kleine Anzahl an Probanden ist es möglich in den Studien die EEG-Artefakterkennung manuell visuell durchzuführen, was zu guten Ergebnissen führt. Für die großen Datenmengen in Studie A (ca. 300 EEGs mit jeweils 4 Stunden Aufnahmezeit) und B (ca. 100 EEGs mit jeweils 5 Stunden Aufnahmezeit) ist dies nicht möglich und eine automatisierte Artefakterkennung nötig. Wie in Abschnitt 2.6.5 angesprochen, ist die Nutzung von individuellen Alpha Frequenzen umstritten. In der Literatur zu dem Einfluss von Licht auf das EEG wird keine IAF genutzt und auch [126] riet von der Nutzung ab.

Tabelle 2.1: Literaturvergleich zu EEG-Auswerteverfahren in Studien mit Lichtexposition als Intervention

Quelle	Cajochen 1996 [127]	Cajochen 1998 [59]	Figueiro 2007 [64]	Figueiro 2009 [65]	Okamoto 2014 [62]
Anzahl Probanden	8	10	8	14	9
Elektrodenpositionen	C3,C4 zu A1/A2	C3,C4 zu A1/A2	Pz,Oz,O1,O2 zu A1/A2	Fz,Cz,Pz,Oz zu A1/A2	Fz,Cz,Pz,Oz zu A1/A2
Messabschnitt in s	360	360	60	60	150
Größe FFT Segment in s	4	4	5	5	1
Spektrale Bezugsgröße	Absolutwert	relativ zu Dunkelphase	AAC*	AAC*	relativ zu Dunkelphase
Augen offen oder geschlossen	auf	auf	auf/zu	auf/zu	auf
Filter	HP 1 Hz, TP 35 Hz, 12 db / Okt	HP 1 Hz, TP 35 Hz 12 db / Okt	HP 1 Hz, TP 40 Hz FIR	HP 4 Hz, 18db / Okt	BP 0,3 bis 40 Hz
Fensterfunktion	Kaiser-Bessel	Kaiser-Bessel	Blackman	Blackman	10% cosinus
Artefakterkennung	visuell	visuell	Schwellwert	Schwellwert	Schwellwert
Theta-Elektrode	C3 und C4	C3		alle Elektroden kombiniert	Fz und Cz
Alpha-Elektrode		C3		alle Elektroden kombiniert	Pz und Oz

* AAC, <u>a</u>lpha <u>a</u>ttenuation <u>c</u>oefficient, ist definiert als das Verhältnis zwischen der Summe der Leistungen im Alpha-Band während die Probanden die Augen geöffnet haben, geteilt durch die Summe der Leistungen im Alpha-Band während die Probanden die Augen geschlossen haben

2.7.2 Digitale Signalverarbeitung für EEG-Daten

Auf der Kopfhaut der Probanden wird für das EEG ein analoges Spannungssignal aufgezeichnet, dieses passiert ein analoges Eingangsfilter sowie eine Analog-Digital-Wandlung (ADC). Dabei wird das analoge wert- und zeitkontinuierliche Signal in ein wert- und zeitdiskretes Signal gewandelt. Dieses Signal kann anschließend gespeichert und mit einer digitalen Signalverarbeitung ausgewertet werden. Beispielhaft ist in Abbildung 2.22 die Signalverarbeitung im Rahmen dieser Arbeit aufgezeigt. Auf die verwendeten Werkzeuge wird im Folgenden näher eingegangen.

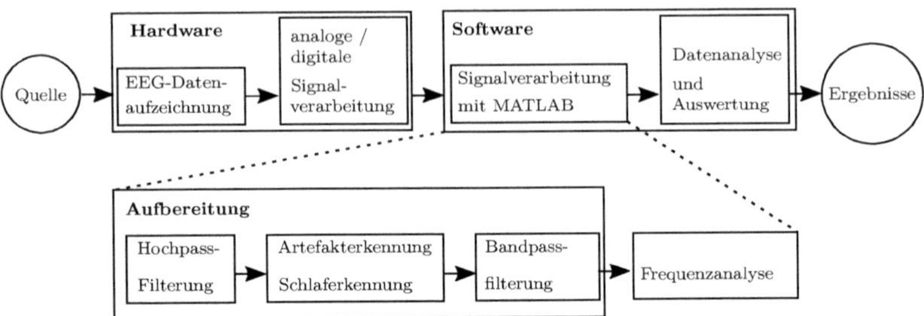

Abbildung 2.22: Digitale Signalverarbeitungskette für die EEG-Datenanalyse

Das wertkontinuierliche Signal des Spannungspotentials auf der Kopfhaut $x(t)$ wird durch äquidistante Abtastung in ein wertdiskretes Signal gewandelt. Diese Abtastung kann als eine Multiplikation mit einem Dirac-Kamm mit der Periode T_A veranschaulicht werden [128].

$$x_A(t) = \sum_{n_A=-\infty}^{\infty} x(t)\,\delta(t - n_A\,T_A) \tag{2.10}$$

Die Reihe von Abtastwerten $x_A(t)$ beschreibt das Signal im Zeitbereich. Mit einer diskreten Fourier-Transformation aus Abschnitt 2.7.4 lässt sich dieses Signal in den Frequenzbereich überführen. Im Frequenzbereich vereinfachen sich mathematische Operationen und eine Frequenzanalyse kann durchgeführt werden.

2.7.3 Fourier-Transformation

Die im Folgenden vorgestellten Formeln sind aus der Quelle *Grundlagen der Frequenzanalyse* [128] entnommen und es wird eine kurze Einführung in das Thema gegeben.

Durch Superposition von harmonischen Schwingungen lässt sich jede periodische Funktion $x(t)$ darstellen. Die Frequenzen der Schwingungen ergeben sich als Vielfache der Grundfrequenz f_0 und es entsteht die Fourier-Reihe der Form

$$x(t) = a_0 + \sum_{n_A=1}^{\infty} \left(a_n \sin(2\pi n_A f_0 t) + b_n \cos(2\pi n_A f_0 t) \right) \tag{2.11}$$

wobei a_n und b_n als Fourier-Koeffizienten bezeichnet werden [128]. Eine komplexe Fourier-Reihe entsteht durch Erweiterung mit komplexen Signalen:

$$x(t) = \sum_{n_\mathrm{A}=-\infty}^{\infty} \underline{X}_{n_\mathrm{A}} \, e^{j n_\mathrm{A} 2\pi f_0 t} \tag{2.12}$$

Die Berechungsvorschrift für die komplexen Fourier-Koeffizienten $\underline{X}_{n_\mathrm{A}}$ lautet:

$$\underline{X}_{n_\mathrm{A}} = \frac{1}{T} \int_T x(t) \, e^{-j 2\pi n_\mathrm{A} f_0 t} \, dt \tag{2.13}$$

Die Koeffizienten $\underline{X}_{n_\mathrm{A}}$ lassen sich nach Euler durch ihren Betrag und ihre Phase darstellen:

$$\underline{X}_{n_\mathrm{A}} = |\underline{X}_{n_\mathrm{A}}| \, e^{j\varphi_{n_\mathrm{A}}} \tag{2.14}$$

und können in einem Betrags- bzw. Phasenspektrum dargestellt werden.

In [128] sind Signale in Energie- und Leistungssignale unterteilt. Die Energie einer Spannung $u(t)$ ist definiert über das Integral:

$$E = \frac{1}{R} \int_{-\infty}^{\infty} u^2(t) \, dt \tag{2.15}$$

Ist das Integral aus Gleichung 2.16 existent bzw. endlich, wird das Signal als Energiesignal bezeichnet.

$$E = \int_{-\infty}^{\infty} x^2(t) \, dt < \infty \tag{2.16}$$

In der Praxis auftretende Signale sind immer Energiesignale da diese endliche Energie und Signalwerte aufweisen. Die periodischen Funktionen, welche aus Aufbaufunktionen für die Fourier-Transformation verwendet werden, weisen eine unendliche Dauer sowie Energie auf. Sie werden als Leistungssignale bezeichnet und durch ihre mittlere Energie pro Zeiteinheit charakterisiert.

$$P = \tilde{x}^2 = \lim_{T \to \infty} \frac{1}{2T} \int_{-T}^{T} x^2(t) \, dt \tag{2.17}$$

Um die Leistungsanteile einzelner Frequenzen eines Signals zu berechnen, kann anstelle des Betragsspektrums $|\underline{X}(n)|$ das Leistungsdichtespektrum $|\underline{X}(n)|^2$ über die Frequenzen aufgetragen werden. Da die Energie im Zeitbereich gleich der im Frequenzbereich ist (PARSEVALsches Theorem), gilt:

$$\int_{-\infty}^{\infty} x^2(t) \, dt = \frac{1}{2\pi} \int_{-\infty}^{\infty} |\underline{X}(2\pi f)|^2 \, df \tag{2.18}$$

Die Energie im Frequenzbereich ergibt sich durch die Multiplikation der komplexen Fourier-Koeffizienten mit ihrem konjugiert komplexen Wert.

$$E_{n_\mathrm{A}} = |\underline{X}_{n_\mathrm{A}}|^2 = \underline{X}_{n_\mathrm{A}} \, \underline{X}_{n_\mathrm{A}}^* \tag{2.19}$$

Trägt man E_n über n_A auf, ergibt sich das Leistungsdichtespektrum im Frequenzbereich.

2.7.4 Diskrete Fourier-Transformation (DFT) und Fensterung

Da die EEG-Signale nur digital nach Gleichung 2.10 vorliegen, muss die Fourier-Transformation für diskrete Funktion erweitert werden. Durch Einsetzen von Gleichung 2.10 in Gleichung 2.13 ergibt sich:

$$\underline{X}_{n_A,A} = \frac{1}{T} \int_T \sum_{k=-\infty}^{\infty} x(t)\, \delta(t - k\,T_A)\, e^{-j2\pi n_A f_0 t}\, dt \tag{2.20}$$

Durch Tauschen des Integrals mit der Summation ändern sich deren Grenzen, in einer Periode T sind N Abtastwerte. Das Integral kann durch die Ausblendeigenschaften des Dirac-Impuls gelöst werden.

$$\underline{X}_{n_A,A} = \frac{1}{T} \sum_{k=0}^{N-1} x(k)\, e^{-j2\pi n_A f_0 k\,T_A} \tag{2.21}$$

Durch die Substitution von $T = N T_A$ und $f_0 = \frac{1}{N T_A}$ sowie dem Multiplizieren mit T_A ergibt sich links eine neue Größe $\underline{X}(n_A)$. Die Transformationsgleichung für die diskrete Fourier-Transformation lautet:

$$\underline{X}(n_A) = \frac{1}{N} \sum_{k=0}^{N-1} x(k)\, e^{-j2\pi \frac{n_A k}{N}} \tag{2.22}$$

Die DFT bildet ein zeitdiskretes Signal auf ein diskretes Linienspektrum im Bildbereich ab. Aus N Abtastwerten ergeben sich N Spektrallinien im Frequenzspektrum. Die Zusammenhänge

$$\Delta f = \frac{f_A}{N} \quad \text{und} \quad f_{max} = \frac{f_A}{2} \tag{2.23}$$

ergeben sich aus dem Abtasttheorem, die Frequenzauflösung Δf wird durch die Abtastfrequenz f_A und die Anzahl der Abtastwerte bestimmt.

Periodische Signale bilden die Grundlage der Herleitung der Fourier-Transformation, bei einer DFT liegen im Idealfall genau N Abtastwerte in der Periode des Signals, eine periodensynchrone Abtastung ist möglich. Für praktische Signale ist dies nicht möglich, die DFT muss für nichtperiodische Signale erweitert werden. Signale mit N Abtastwerten werden periodisch fortgesetzt, es entsteht ein quasi-periodisches Signal. Dies ist in Abbildung 2.23 skizziert. Durch die Aneinanderreihung kommt es zu Diskontinuitäten im Signal, dies führt zu Fehlern im Frequenzspektrum.

Durch eine Multiplikation des Signalausschnitts mit einer Fensterfunktion, beispielhaft sind Blackman, von-Hann und Hamming Fenster in Abbildung 2.24 aufgezeigt, werden diese Diskontinuitäten vermindert bzw. komplett vermieden.

Durch die Multiplikation mit einer Fensterfunktion wird das Spektrum des Original-Signals verändert. Die Fensterfunktionen sind hinsichtlich ihrer Eigenschaften, wie die Dämpfung der spektralen Nebenmaxima, deren Dämpfungsanstieg pro Oktave und die Breite der Hauptkeule [129] zu bewerten, und eine, zu dem spektralen Inhalt des Signals und der Auswerteziele, passende auszuwählen. Durch die Multiplikation mit dem Fenster im Zeitbereich ergibt sich im Frequenzbereich eine Faltungsoperation wodurch Einflüsse der Fensterfunktion im Frequenzspektrum enthalten sind. Aufgrund dieser *Verschmierung*

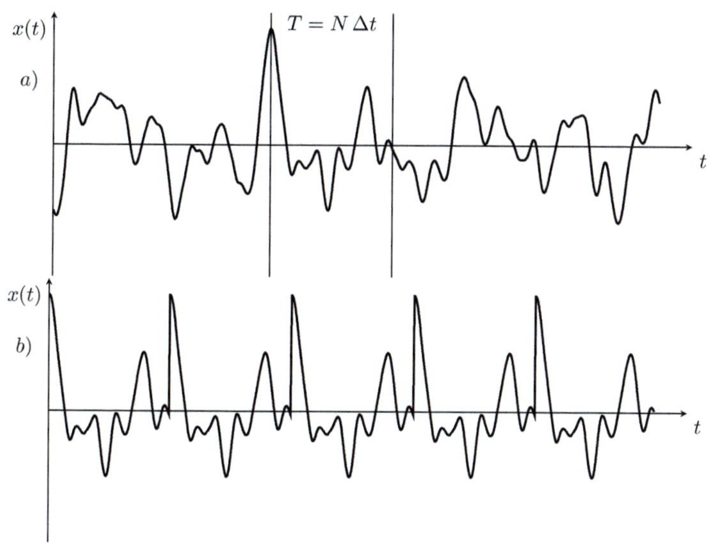

Abbildung 2.23: Periodische Fortsetzung eines Signals mit N Abtastwerten, a) original Signal, b) periodische Fortsetzung des Signalausschnitts

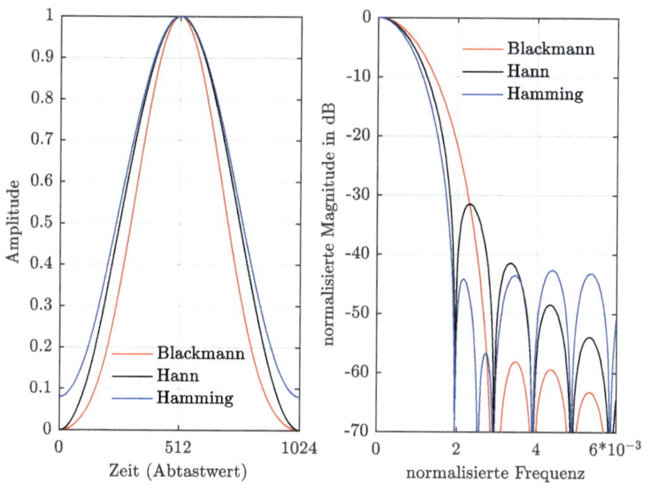

Abbildung 2.24: Beispiele für Fensterfunktionen sowie deren Amplituden- und Frequenzverläufe

wird dieser Effekt als *Leck-Effekt* oder *Leakage-Effekt* bezeichnet. Das Verschmieren kann durch die Wahl einer Fensterfunktionen deren Nebenmaxima im Frequenzspektrum weit von der Hauptkeule entfernt und sehr stark gedämpft bzw. nicht vorhanden sind [129], vermindert werden.

2.7.5 Fast Fourier-Transformation (FFT)

Die Fast Fourier-Transformation (FFT) ist ein Verfahren zur optimierten und schnelleren Berechnung der DFT. Die DFT mit N Abtastwerten benötigt N^2 komplexe Multiplikationen und $N \cdot (N-1)$ komplexe Additionen. Mittels des FFT-Algorithmus nach COOLEY und TUKEY kann die Gesamtzahl der Additionen und Multiplikationen auf $N \log_2(N)$ verringert werden. Um den FFT-Algorithmus nutzen zu können, muss die Anzahl der Abtastwerte eine Zweierpotenz sein. Ist dies nicht der Fall, kann der Datenvektor mit Nullen aufgefüllt werden, dies wird *Zero-Padding* genannt. In den weiteren Betrachtungen wird der in *Matlab* implementierte FFT-Algorithmus *fft()* genutzt.

2.7.6 Wahl der Bezugsgrößen

Da die gemessenen Spannungen an den EEG-Elektroden individuell sehr unterschiedlich sind und auch stark von den Ableitbedingungen beeinflusst werden, muss die Leistung in einem Frequenzband immer auf eine Referenzleistung bezogen werden. Diese Referenzleistung wird bestimmt, indem eine Referenzbedingung für eine gewisse Zeit vor der eigentlichen Intervention der Studie geschaffen wird. Die gemessenen Leistungen während der Intervention kann dann durch die Referenzleistung während der Referenzbedingung geteilt werden, es verbleibt ein zwischen den Probanden vergleichbarer relativer Messwert. Die Referenzbedingung muss die gleichen Randbedingungen aufweisen wie die zugehörige Intervention, beispielsweise müssen die Augen in beiden Fällen offen oder geschlossen sein. Siehe hierzu Abschnitt 2.6.5.

2.7.7 Artefakte und Artefakterkennung in den EEG-Daten

Alle nicht vom Gehirn des Menschen kommenden Signalanteile im EEG werden als Artefakte bezeichnet. Diese können nach [130] unterteilt werden in:

Technische Artefakte:

- Fehler in der Ableit-und Registriertechnik

- Kontaktstellen mit Elektroden (Buchse-Stecker, Stecker-Kabel, Kabel-Elektrode, Elektrode-Haut)

- Kabeldefekte

- Kabelbewegung

- fehlende Erdung

- elektrostatische, magnetische oder hochfrequente elektromagnetische Wechselfelder

- hochohmige Leitungswege

Biologische Artefakte:

- Augenbewegungen

- Muskelverspannungen

- Schwitzen

- Bewegungen

Technische Artefakte können soweit wie möglich ausgeschlossen werden, jedoch lassen sich biologische Artefakte nur schwer durch das Versuchsdesign eliminieren. Artefakte verzerren die erhobenen Daten und müssen vor der Datenauswertung gefunden und entweder korrigiert oder die betroffenen Daten müssen für die Auswertung ausgeschlossen werden.

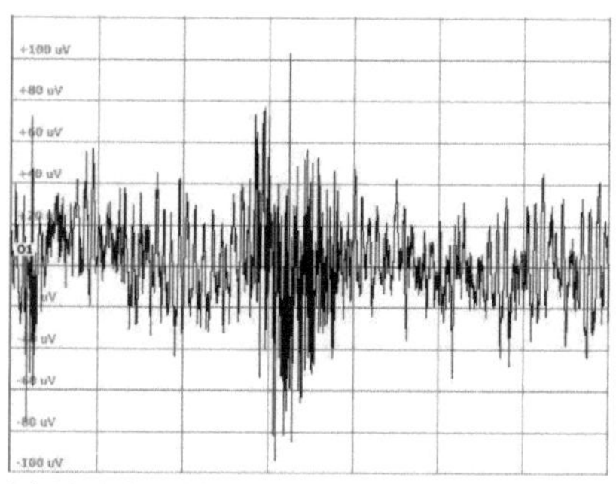

(a) Muskelartefakt

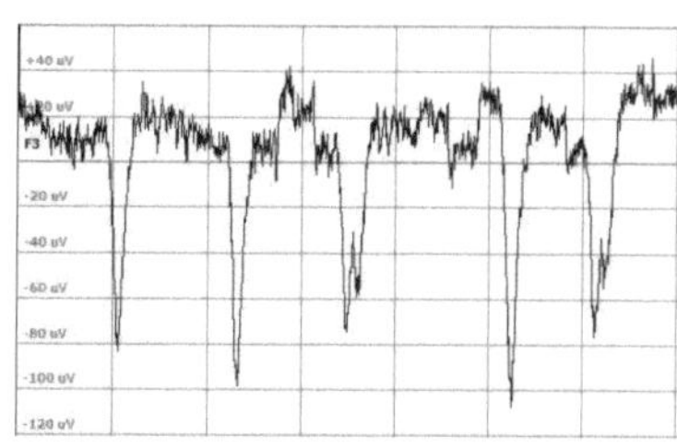

(b) Augenartefakte

Abbildung 2.25: Beispiele für Artefakte im EEG mit 1 s/div horizontal

Augenartefakte werden durch das Auge, einem eigenständigen elektrischen Dipol, erzeugt. Hauptsächlich sind die frontalen Ableitungen im EEG von diesen Einstreuungen betroffen, sie können aber auch noch in der Schädelmitte auftreten [108]. Die Erkennung dieser Artefakte kann über einen Schwellwert durchgeführt werden [109].

Muskelartefakte treten durch das Anspannen großer Muskelgruppen in der Nähe von Elektroden am Schädel auf. Sie können durch Entspannen des Probanden vermieden werden[108, 109]. Ihre Frequenz liegt meist zwischen 15 bis 60 Hz [131].

Bewegungsartefakte „Bewegungsartefakte sind letztlich Wackelartefakte der Elektroden, die durch Störungen des Elektrodenpotentials verursacht werden [34]." Diese können auch durch Atembewegungen des Torsos mit Frequenzen unter 0,5 Hz ausgelöst werden. Häufig haben diese Artefakte Amplituden über 150 µV und lassen sich durch einen Schwellwertfilter erkennen.

Schwitz- und Hautartefakte entstehen durch Veränderungen der Impedanz zwischen Elektrode und Kopfoberfläche. Sie sind im EEG durch „träge und mitunter sehr hohe Potentialschwankungen"[109] erkennbar.

Sind sehr viele EEG-Daten für die Auswertung vorhanden, können Artefakte von der Auswertung ausgenommen und die Daten verworfen werden. Um Artefakte in den EEG-Daten zu erkennen, wird laut Literatur häufig ein absoluter Schwellwert von 50 bis 100 µV eingesetzt und zusätzlich eine visuelle Artefakterkennung durchgeführt. Bei zu großen Datenmengen ist eine visuelle Inspektion nicht praktikabel. Hier kann zusätzlich ein gleitender Schwellwertfilter eingesetzt werden, eine Prinzipskizze ist in Abbildung 2.26 zu sehen.

Der Algorithmus geht auf eine Grundidee aus [132] zurück. Die EEG-Datenreihen werden in Segmente eingeteilt. Diese Segmente entsprechen den späteren Auswertezeiträumen für die Spektralanalyse. Vor dem Einsatz des Algorithmus markiert der Schwellwertfilter und eine eventuelle Schlafanalyse Segmente als artefaktbehaftet. Ein Vektor aus den verbliebenen Segmenten wird erstellt. Über diesen Vektor läuft ein Fenster, welches n Segmente enthält. Für jedes Segment wird die absolute maximale Amplitude ermittelt und im Fenster die Standardabweichung der Maximalamplituden berechnet. Liegt die Maximalamplitude eines Segments oberhalb vom Mittelwert der Maximalamplituden

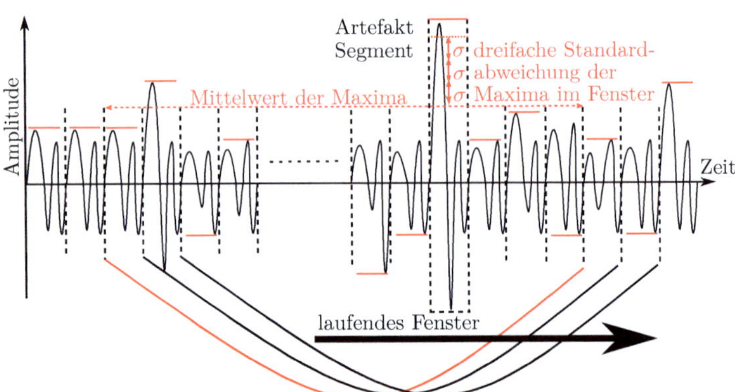

Abbildung 2.26: Prinzipskizze zur Artefakterkennung mit einem gleitenden Fenster

addiert mit dem i- fachen der Standardabweichung des Mittelwertes, wird dieses Segment als artefaktbehaftet gekennzeichnet und von der weiteren Auswertung ausgeschlossen. Anschließend gleitet das Fenster ein Segment weiter und die Berechnung wiederholt sich. Ist das Fenster am Ende der EEG-Zeitreihe angekommen, wird die Suche wiederholt. Sobald in einem Durchlauf über alle Segmente keine weiteren Artefakte mehr gefunden werden, wird die Suche abgebrochen. Zusätzlich zu der Elektrode, in der das Artefakt gefunden wurde, können auch alle anderen Ableitungen zu diesem Zeitpunkt als artefaktbehaftet gekennzeichnet werden. Dieser Algorithmus wurde durch [132] evaluiert und kann eine visuelle Inspektion für große Datenmengen hinreichend ersetzen. Sind nur sehr wenige Daten für eine Auswertung vorhanden, ist weiterhin eine manuelle visuelle Artefakterkennung sinnvoll.

2.7.8 Schlaferkennung

Mit dem Einsetzen starker Müdigkeit beginnen sich die Frequenzanteile im EEG zu verändern und es kann nicht mehr mit einem Wachzustands-EEG verglichen werden [106]. Es ist daher sinnvoll, Abschnitte in denen Probanden eingeschlafen sind, von der weiteren Auswertung des Wach-EEG auszuschließen. Für eine generelle Schlaferkennung ohne die Unterteilung in Schlafphasen sowie weiterführende Literatur sei auf die vom Autor betreute Studienarbeit [133] hingewiesen.

Im Schlaf-EEG sind Muster erkennbar, nach denen eine differenzierte Einteilung in Schlaf-stadien möglich ist. 1968 wurde in [134] ein Standard für die Einstufung des Schlafes etabliert. Die im Rahmen dieser Arbeit verwendete Schlaferkennung basiert auf [135] und setzt die unteren EEG-Frequenzbänder (Delta und Theta) ins Verhältnis zu den oberen (Alpha und Beta) Bändern, siehe hierzu Gleichung 2.24.

$$zRatio = \frac{P_{Delta+Theta} - P_{Alpha+Beta}}{P_{Delta+Theta+Alpha+Beta}} \qquad (2.24)$$

Es ergibt sich eine sogenannte *zRatio* welche Werte zwischen -1 und 1 annimmt. Die *zRatio* wird für EEG-Segmente mit zwei Sekunden Länge ausgewertet und 15 dieser *zRatio* Werte zu einer *zPage* zusammengefasst. Die *zPages* werden abhängig von Ihrem Wert als „Schlafend" oder „Wach" gekennzeichnet, wobei der Schwellwert in der Nähe von Null liegt. Mithilfe dieses Algorithmus kann keine Unterscheidung in einzelne Schlafstadien vorgenommen werden, was aber für den Rahmen dieser Arbeit nicht nötig ist, da Abschnitte in denen Probanden eingeschlafen sind von der Auswertung des EEG ausgeschlossen werden.

2.8 Ziele und Inhalte der Arbeit

Wie in Kapitel 2.3.1 beschrieben, sind noch viele grundlegende Fragen hinsichtlich der Wirkungsweise von Licht auf den Menschen ungeklärt. Trotz dessen sollten die bisherigen, schon gesicherten Erkenntnisse in neue Leuchtensysteme einfließen. Diese Arbeit versucht eine Brücke von der medizinisch- und biologischen Grundlagenlagenforschung zur Industriellen Umsetzung der gefundenen Erkenntnisse zu bauen. Dabei wird das Ziel verfolgt, möglichst evidenzbasierte Ergebnisse aus der medizinischen Forschung einfließen zu lassen, um den Menschen in seinem natürlichen Rhythmus durch künstliches Licht zu unterstützen. Ausgangspunkt vorliegender Arbeit waren Ergebnisse und Erfahrungen bei vorangehenden lichttechnischen Projekten (Einsatz von LED und OLED in elektrischen Bahnen) sowie die Beteiligung am Forschungsprojekt NiviL. Dieses wird in Abschnitt 2.4 näher vorgestellt.

Ziel des Projektes ist, Parameter für die nichtvisuellen Wirkungen von Licht zu gewinnen und deren Wirkungsweise auf den Menschen zu beschreiben. Der Autor hat die Elektronik und Ansteuerung der Versuchsleuchten für die Teilprojekte in Köln, Berlin und Dresden in Kooperation konzipiert, entwickelt und aufgebaut sowie im Teilprojekt Tübingen maßgeblich die Auswahl der LEDs und somit die Lichtspektren beeinflusst. Die einheitlichen Versuchsleuchten werden in Kapitel 3 näher beschrieben. Zusätzlich werden Grundlagen zur Farbortregelung mittels eines Farbsensors erläutert und ein Implementierunsvorschlag für eine spektral einstellbare, geregelte Lichtquelle anhand eines Labormusters gemacht. Als Erweiterung der Farbortregelung wurde ein neuartiges System zur Regelung der Leuchtdichte während der Lichtexposition in Abhängigkeit von der Pupillengröße des Probanden entwickelt.
In Kapitel 5 wird die Methodik der durchgeführten Studien für das Dresdner Teilprojekt vorgestellt und ein Vorschlag für eine systematisierte Vorgehensweise zur Auswertung objektiver Bewertungskriterien wie eines EEG oder der Pupillengrößenschwankungen für die in den Studien gezeigten Lichtspektren gemacht. Anhand von statistischen Tests können die unterschiedlichen Wirkungen der Lichtspektren im Kapitel 6 gezeigt werden. Abschließend wird in Kapitel 7 eine Bewertung der genutzten Verfahren zur Bewertung der Lichtsituationen hinsichtlich ihrer Anwendbarkeit durchgeführt.

Abbildung 2.27: Aufgebaute Stromquellen für die spektral einstellbare Lichterzeugung in den Teilprojekten an der Charité Berlin und der Sporthochschule Köln

3 Spektrale einstellbare Lichterzeugung

3.1 Anforderungen an die Versuchsleuchten

Entsprechend des Studiendesigns ist vorgesehen, die Probanden für 30 Minuten (Studie A) bzw. zwei Stunden (Studie B) mit Licht zu bestrahlen. Es werden folgende Anforderungen gestellt:

- Die Ausleuchtung der Retina der Versuchsprobanden muss gleichmäßig sein, um Nebeneffekte wie eine ungleichmäßige, regionale Bestrahlung der Zellen im Auge auszuschließen.

- Die Lichtabgabe der Versuchsleuchte soll zeitlich konstant sein, d.h. das Licht darf nicht pulsieren.

- Die Helligkeit und der Farbort aller gezeigten Spektren muss über die Versuchsdauer und den gesamten Versuchszeitraum am Auge des Probanden konstant sein.

- Die Bedienung soll so einfach wie möglich sein und Fehlbedienungen müssen ausgeschlossen bzw. leicht zu erkennen sein.

- Besonderheit für Studie B: Die Pupillen der Probanden werden nicht auf ihren Maximalwert dilatiert (geweitet). Da jede Person eine andere Pupillengröße bei gleicher Lichtstärke besitzt, ist die an der Retina ankommende Photonenzahl nicht für alle Probanden gleich. Es muss daher eine, von der Pupillengröße abhängige, Leuchtdichteregelung entworfen und implementiert werden.

- Die zu entwickelnden Beleuchtungssysteme sind bei mehreren Projektpartnern mit unterschiedlichen Anforderungen im Einsatz. Die zu erreichende Helligkeit und damit einhergehend die Ausgangsleistung der Stromquellen sollte mit kleinem Aufwand auf die jeweils nötigen Parameter anpassbar sein.

3.2 Auswahl der LEDs

Ziel der Versuche in allen Teilprojekten war es, die ipRGC-Zellen mit einem der verschiedenen verwendeten Spektren maximal zu stimulieren. Hierzu wurden LEDs benötigt, die deren Empfindlichkeitsmaximum von ca. 485 nm möglichst nahe kommen. Die XPE2-Baureihe

von Cree bietet mit dem Typ XPEBBL-L1-0000-00201 einen passenden Peakwellenlängen-
bereich von 465 bis 485 nm. Daher wurde dieses Bauelement für alle Teilprojekte ausgewählt.
Die weiteren LEDs sind:

- **Photo-Rot** Cree XPE2 XPEPHR-L1-0000-00801 gemessene Peakwellenlänge 640 nm

- **Rot** Cree XPE2 XPEBRD-L1-0000-00601 gemessene Peakwellenlänge 624 nm

- **Grün** Cree XPE2 XPEBGR-L1-0000-00E01 gemessene Peakwellenlänge 520 nm
  Nicht in Teilprojekt Dresden bestückt.

- **Blau** Cree XPE2 XPEBBL-L1-0000-00201 gemessene Peakwellenlänge 478 nm

- **Amber** Cree XPE2 XPEBPA-L1-0000-00C01 Phosphor konvertiert, gemessene Peakwellenlänge 587 nm
  Nicht in Teilprojekt Köln und der Charité Berlin bestückt.

- **Warmweiß** Nichia NF2L757DRT-V1 gemessene Farbtemperatur 1964 K

- **Neutralweiß** Cree XPE2 XPEBWT-U1-0000-007E7 gemessene Farbtemperatur
  3012 K

Alle Spitzenwellenlängen und die in Abbildung 3.1 gezeigten Spektren sind bei einem
konstanten LED-Strom von 500 mA gemessen.

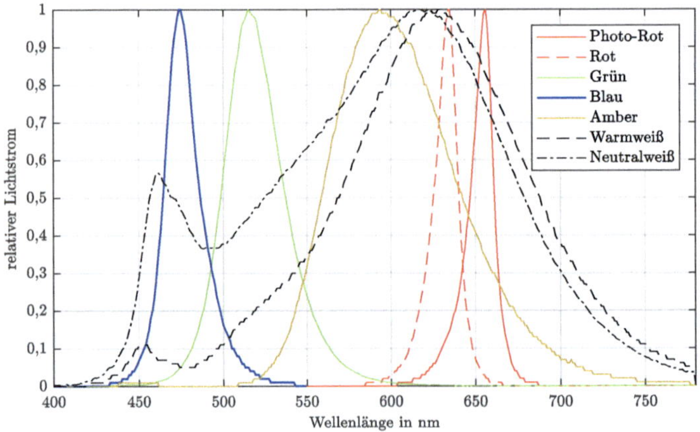

Abbildung 3.1: Gemessener relativer spektraler Lichtstrom der im NiviL-Projekt von allen Teil-
nehmern verwendeten LEDs. Der Strom durch die LEDs betrug für die Messung
jeweils 500 mA

Die entwickelte LED Platinen zeigt Abbildung 3.2. Es wurde eine Aluminiumkern-Leiterplatte
verwendet, um eine gleichmäßige und schnelle Verlustwärmeabfuhr der LEDs zu gewährleisten. Da nicht alle Teilprojekte jeden LED-Typ benötigten, wurden 6 verschiedene LEDs
auf der Platine bestückt. Bei Bedarf können mehrere LED Platinen in Reihe geschaltet werden. Die Verbindung zwischen den Platinen wird über einen 8-poligen Verbindungsstecker
hergestellt.

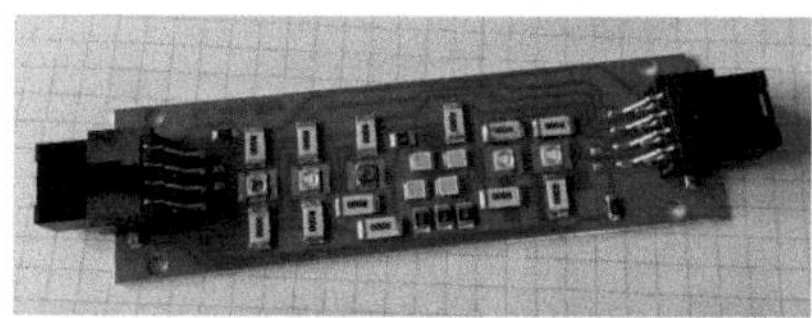

Abbildung 3.2: LED-Platine mit 6 LED-Kanälen des Teilprojektes Dresden, Länge 10 cm, Breite 3 cm

3.3 Mechanischer Aufbau der Versuchsleuchte

Die in Abschnitt 3.1 genannten Anforderungen bestimmen das mechanische Design.

Eine gleichmäßige Ausleuchtung der Retina wurde durch die Verwendung einer Halbkugel, bei der sich die Augen des Probanden auf der Schnittebene befinden, erreicht, siehe Abbildung 3.4 a). Eine homogene Lichtverteilung war durch eine Beschichtung der Innenseite der Kugel mit Bariumsulfat, aufgrund dessen äußerst geringer Absorption von 250 nm bis 2500 nm und der hohen chemischen Stabilität, gegeben. Es konnte im sichtbaren Bereich ein Reflektionsgrad von mindestens 95 % erreicht werden. Siehe hierzu Abbildung 3.3.

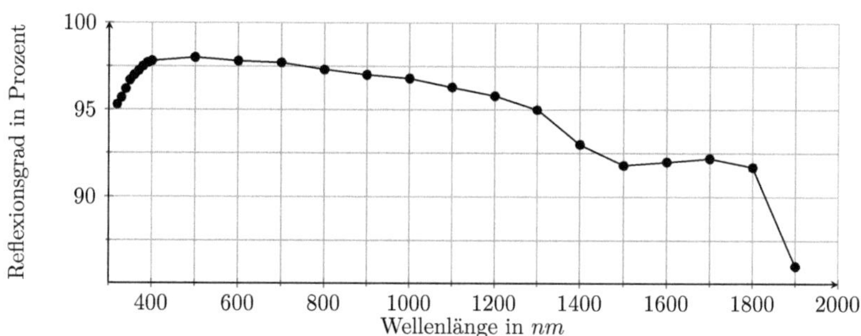

Abbildung 3.3: Reflexionsgrad der Bariumsulfat Beschichtung OPRC. Datenquelle: Herstellerangabe Optopolymer

Auf die Schnittfläche der Halbkugel ist ein weiß lackierter Blendenring mit einem Außendurchmesser von 50 cm und einen Innendurchmesser von 30 cm angebracht. Auf der Innenseite wurden die LED-Platinen befestigt, diese strahlen damit direkt in die Halbkugel hinein und das Licht wird gleichmäßig im gesamtem Halbkugelinnenraum verteilt. Im oberen Bereich ist der Farbsensor für die Farbortregelung angebracht, siehe Abbildung 3.4 b).

In Abbildung 3.5 sind drei der vier aufgebauten Beleuchtungseinheiten gezeigt. Im oberen Bereich sind die blau leuchtenden Displays für die Bedienung sichtbar.

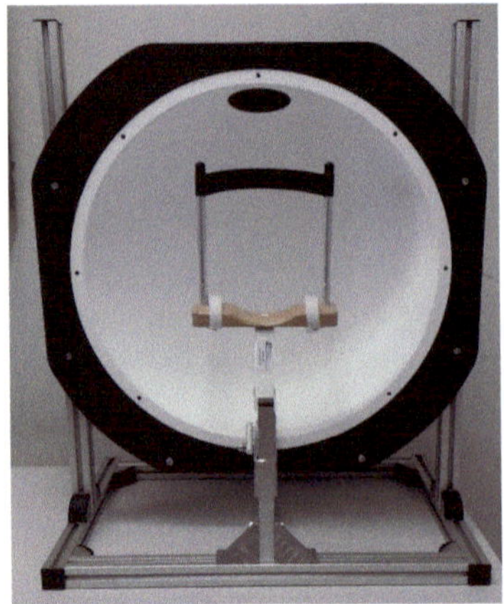

(a) Bariumsulfat beschichtete Halbkugel mit Kinnstütze, Innendurchmesser 48 cm

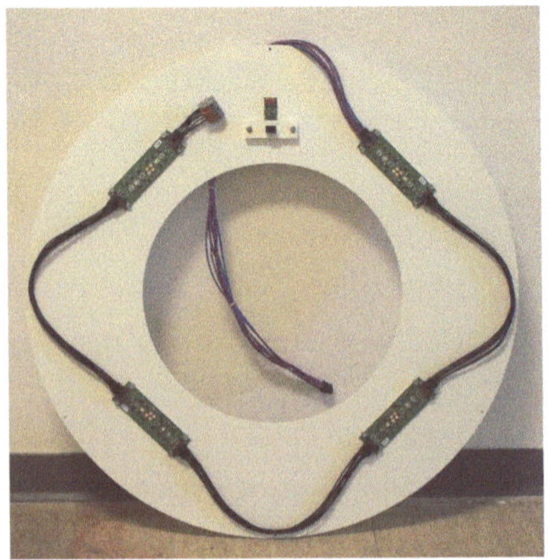

(b) Innenseite des Blendenrings für die Halbkugel mit montiertem Farbsensor und 4 LED-Platinen, Außendurchmesser 50 cm, Innendurchmesser 30 cm

Abbildung 3.4: Aufbau der Beleuchtungseinheiten aus einer Halbkugel und einem Blendenring

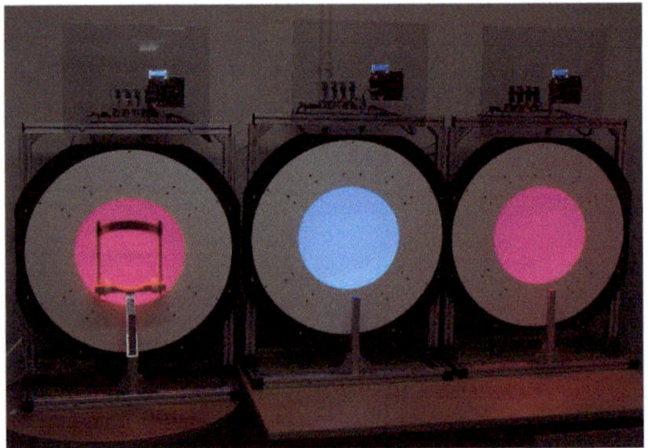

Abbildung 3.5: Drei der vier fertig aufgebauten Beleuchtungseinheiten

3.4 Modulare LED-Stromquellen und deren Sollwertvorgabe

3.4.1 Abschätzung der benötigten elektrischen Leistungswerte

Die entwickelten Beleuchtungssysteme sind bei drei Projektpartnern im Einsatz. Die zu erreichende Helligkeit und damit einhergehend die Ausgangsleistung der Stromquellen wurde mit im Studiendesign definiert, sollte jedoch für spätere, veränderte Versuchsziele mit kleinem Aufwand anpassbar sein. Dies erforderte ein modulares Design sowie eine große Bandbreite möglicher Ausgangsleistungen der LED-Stromquellen. Pro Beleuchtungseinheit wurden vier LED-Platinen eingesetzt und deren LEDs jeweils eines Typs in Reihe geschaltet. Laut Aussagen der Projektpartner sollten pro LED-Kanal ca. 10 W elektrischer Ausgangsleistung am Treiber bereitgestellt werden. Bei vier in Reihe geschalteten LEDs und einer Flussspannung von minimal 2,5 V für die rote LED ergibt dies einen benötigten Ausgangsstrom von 1 A. Bei einem Projektpartner werden drei Beleuchtungseinheiten immer die gleiche Lichtbedingung anzeigen und daher drei LED-Reihenschaltungen (eine je Beleuchtungseinheit) parallel geschaltet. Der maximale Ausgangsstrom eines LED-Kanals wurde somit auf 3 A festgelegt. Die maximal benötigte Spannung beträgt dann 4·3,6 V=14,4 V.

3.4.2 Systembetrachtung

In Abbildung 3.6 ist das Gesamtsystem der Beleuchtungssteuerung für die Untersuchungsleuchten im Teilprojekt Dresden aufgezeigt.

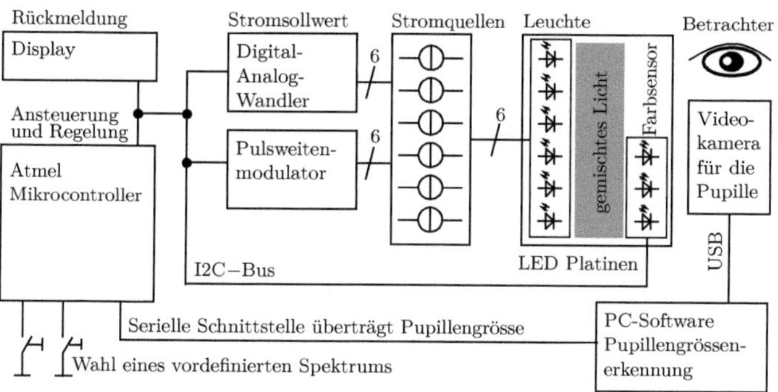

Abbildung 3.6: Schematische Darstellung des Gesamtsystems für die Lichterzeugung in den Untersuchungsleuchten

Die Steuerung des Systems übernimmt ein Mikrocontroller vom Typ *ATmega328P*. In ihm werden die Sollwerte definiert und die Regelung der Helligkeit durchgeführt. Über Schalter können verschiedene Lichtspektren abgerufen werden. Das gewählte Spektrum und die aktuelle Regelabweichung bzw. der Helligkeitssollwert sind in einem Display über der Beleuchtungseinheit angezeigt. Siehe hierzu Abbildung 3.7 a). Über ein I2C -Bussystem sind an den Mikrocontroller das Display, Farbsensor, ein 12 bit Digital-Analog-Wandler (DAC) *DAC7578SPW* und ein 10 bit Pulsweitenmodulator *PCA9685PW* angeschlossen. Letztere besitzen jeweils sechs Ausgangskanäle und geben die Stromsollwerte für sechs Stromquellen vor. Die Schaltung und Ansteuerung dieser ist in Abschnitt 3.4.3 beschrieben. Die Stromquellen sowie der DAC und Pulsweitenmodulator sitzen auf einer Ansteuerungsplatine, diese ist in Abbildung 3.7 b) dargestellt. Der Farbsensor vom Typ *Mazet INT-AB4* ist in der Beleuchtungseinheit eingebaut (siehe Abbildung 3.4) und empfängt gemischtes Licht aller LEDs. Die Idee für die Farbortregelung ist in Abschnitt 3.5.2 beschrieben. In der Studie B wird eine Pupillengrößenmessung während der Lichtexposition durchgeführt. Der Messwert der Pupillengröße wird dem Mikrokontroller per serieller Schnittstelle von einem Personalcomputer gesendet und nimmt direkten Einfluss auf die Leuchtdichte. Details hierzu sind in Abschnitt 3.6 zu finden.

3.4.3 Schaltungsentwurf der Stromquellen

Wie in Abschnitt 2.2.6 begründet, wurden die genutzten LEDs mittels einstellbarer Stromquelle betrieben. Der Treiberchip LT3763 von *Linear Technology* wurde zur Ausgangs-

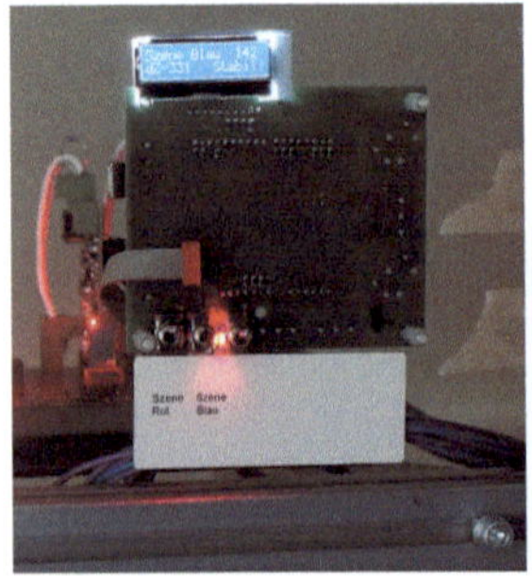

(a) Bedieneinheit und Mikrokontroller mit Display für die Beleuchtungseinheit

(b) Ansteuerungsplatine mit 5 von 6 bestückten Stromquellen

Abbildung 3.7: Benutzerinterface an der Beleuchtungseinheit und die Stromquellen

stromregelung ausgewählt, da er folgende Vorteile bietet:

- $\pm 6\,\%$ Stromregelgenauigkeit

- *True Color PWM Dimming*, d.h. mit einer festen Verzögerung von $200\,\text{ns}$ kann der interne Oszillator auf eine steigende Flanke eines externen PWM-Signals reagieren. Die Auflösung der Dimmung beträgt maximal 3000:1

- Stelleingang für den Stromsollwert

- Hohe maximale Eingangsspannung von $60\,\text{V}$. Dies ermöglicht die Verwendung einer Reihenschaltung mit einer hohen Anzahl von LED.

Das Prinzipschaltbild der Stromquelle ist in Abbildung 3.8 zu sehen. Sie basiert auf dem Tiefsetzstellerprinzip mit einem zusätzlichen Schalter anstatt einer Diode im Freilaufkreis, um den Wirkungsgrad zu erhöhen [136]. Die Schaltung wird auch als *synchronous buck* bezeichnet.

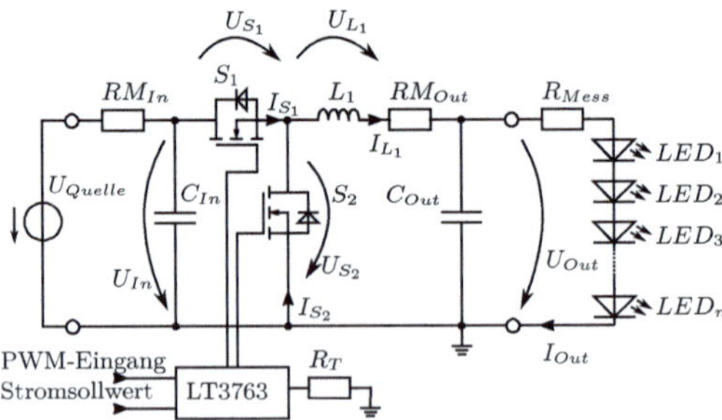

Abbildung 3.8: Prinzipschaltbild der Stromquelle

Vorteilhaft ist der Aufbau mit einem auf Potential liegenden Schalter S_1. Dies ermöglicht eine gemeinsame Masseführung für alle Stromquellen sowie auch eine gemeinsame Masseverbindung für alle LED-Reihenschaltungen.

Laut Datenblatt [137] nutzt der Treiberchip den Tiefsetzsteller im nichtlückenden Betrieb, d.h. der Strom in der Spule L_1 sinkt nicht auf Null ab. Die Zeitspannen t_1 und t_2, in denen S_1 bzw. S_2 eingeschaltet sind, ergeben sich zu:

$$t_1 = 1/f_{sw} \frac{U_{Out}}{U_{In}} \tag{3.1}$$

$$t_2 = 1/f_{sw} - t_1 \text{ mit } f_{sw} = \text{Schaltfrequenz des Tiefsetzstellers} \tag{3.2}$$

Der Wechselanteil des Stromes durch die Induktivität L_1 beträgt:

$$I_{ripple} = 1/L_1 \left(U_{In} - U_{Out}\right) t_1 \tag{3.3}$$

Die schematischen Strom- und Spannungsverläufe sind in Abbildung 3.9 gezeigt.

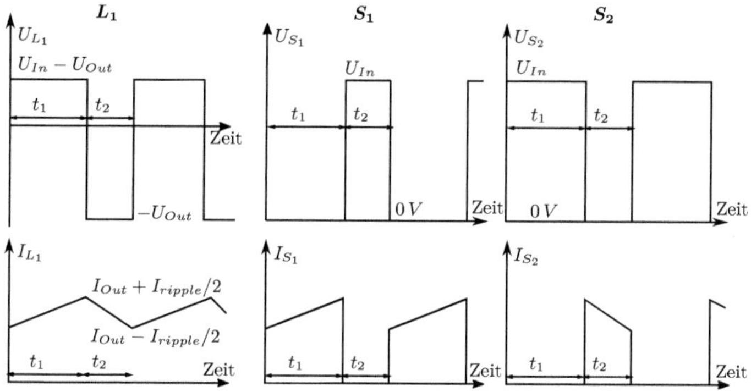

Abbildung 3.9: Strom- und Spannungsverläufe im Tiefsetzsteller mit Vernachlässigung von RM_{Out} und RM_{In}. Zählpfeile siehe Abbildung 3.8

Um den nominalen maximalen Ausgangsstrom der Stromquelle einzustellen, muss die Drossel L_1, die Strommesswiederstände RM_{Out} und RM_{In} sowie die Schaltfrequenz über R_T entsprechend gewählt werden.

Unter der Annahme, das der Maximalstrom in der Induktivität das 1,5-fache des mittleren Stromes betragen soll, ergibt sich aus den Gleichungen 3.3 sowie 3.1 und dem Zusammenhang $I_{L_1\,max} = I_{Out} + I_{ripple}/2$ eine Induktivität von:

$$L = \frac{U_{In}\,U_{Out} - U_{Out}^2}{0{,}5\,f_{sw}\,I_{L_1\,max}\,U_{In}} \tag{3.4}$$

Um ein kompaktes Design der Stromquellenplatine zu ermöglichen, wurde eine Drossel der *WE-PD* Serie von *Würth* gewählt. Diese benötigt mit den Abmessungen 12x12x10 mm einen kleinen Bauraum und kann per Oberflächenmontage auf die Leiterplatte gebracht werden. Für den maximalen Ausgangsstrom von 3 A wurde die Drossel *7447709220* ausgewählt (Randbedingungen: $U_{In} = 48\,V$, $U_{Out} = 14{,}4\,V$ und $f_{sw} = 80\,kHz$). Sie besitzt eine Induktivität von 22 µH bei einem Nennstrom von 5,3 A. Der Sättigungsstrom beträgt 6,5 A. Die niedrige Schaltfrequenz ist nötig um die Erwärmung der Drossel durch den Skin- und Stromverdrängungseffekt zu begrenzen.

Die Schalter S1 und S2 wurden für den maximalen Ausgangsstrom ausgelegt, hier werden MOSFETs vom Typ *IRLR2908* mit sehr niedrigem Bahnwiderstand und kleiner Gateladung verwendet. Die Ein- bzw. Ausgangskapazität C_{In} bzw. C_{Out} sind mit 6 µF bzw. 25 µF auch für den maximalen Ausgangsstrom von 3 A ausgelegt [137]. Aufgrund der Nichtlinearität der LED-U-I-Kennlinie und des unbestimmten Serienwiderstands der Ausgangskondensatoren wurde für die Bestimmung der Ausgangsstromschwankungen auf eine Simulation mit der Software *LtSpice* zurückgegriffen. Das Simulationsmodell ist in Abbildung 3.10 zu sehen. Es ergibt sich laut Simulation in den LEDs ein Wechselstromanteil von 0,1 A mit der Schaltfrequenz für den maximalen Ausgangsstrom. Dies ist als akzeptabel zu bewerten, da die Frequenz wesentlich über der Flimmergrenze liegt und in allen anderen Aufbauvarianten der Betrag des Wechselanteils wesentlich geringer ist.

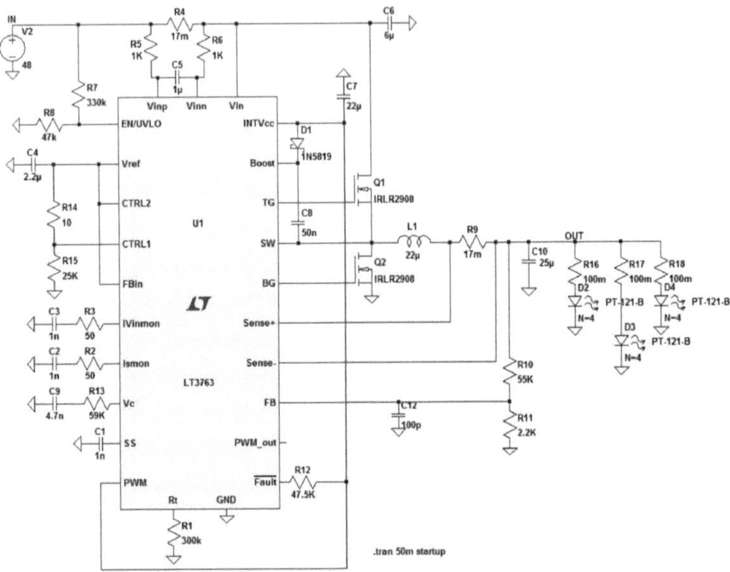

Abbildung 3.10: Spice-Simulationsmodell des Tiefsetzstellers

Folgende Varianten der Stromquelle wurden aufgebaut und eingesetzt, die Auslegung erfolgte analog zu oben:

- $I_{\mathrm{Outmax}} = 3\,\mathrm{A}$, $L_1 = 22\,\mu\mathrm{H}$, $RM_{OUT} = RM_{IN} = 16{,}9\,\mathrm{m\Omega}$, $R_T = 300\,\mathrm{k\Omega}$ Schaltfrequenz ca. 80 kHz

- $I_{\mathrm{Outmax}} = 700\,\mathrm{mA}$, $L_1 = 100\,\mu\mathrm{H}$, $RM_{OUT} = RM_{IN} = 68\,\mathrm{m\Omega}$, $R_T = 3300\,\mathrm{k\Omega}$ Schaltfrequenz ca. 80 kHz

- $I_{\mathrm{Outmax}} = 200\,\mathrm{mA}$, $L_1 = 500\,\mu\mathrm{H}$, $RM_{OUT} = RM_{IN} = 250\,\mathrm{m\Omega}$, $R_T = 120\,\mathrm{k\Omega}$ Schaltfrequenz ca. 330 kHz

- $I_{\mathrm{Outmax}} = 50\,\mathrm{mA}$, $L_1 = 1500\,\mu\mathrm{H}$, $RM_{OUT} = RM_{IN} = 1\,\Omega$, $R_T = 120\,\mathrm{k\Omega}$ Schaltfrequenz ca. 330 kHz

Durch die Anpassung des maximalen Ausgangsstromes an den benötigten Lichtstrom des jeweiligen LED-Kanals kann immer die optimale Auflösung für die Ansteuerung

gewährleistet werden. Ein fertig aufgebautes Stromquellenmodul ist in Abbildung 3.11 zu
sehen.

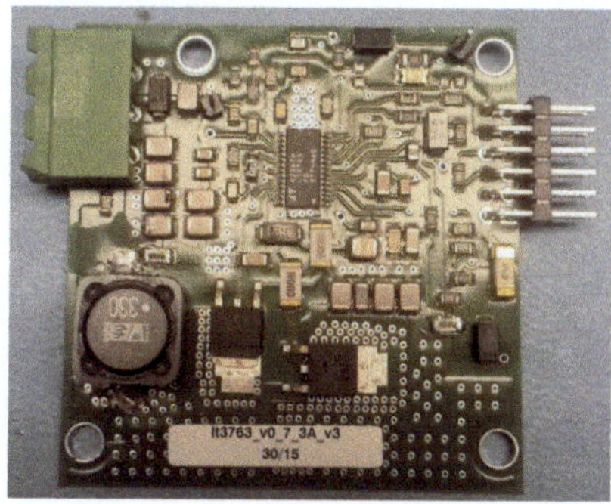

Abbildung 3.11: Stromquellenmodul mit einem maximalen Ausgangsstrom von 3 A

Die Ansteuerung der Stromquellen erfolgt abhängig vom Sollwert der Helligkeit durch
den DAC-Ausgangswert und die eingestellte Pulsweite. Um ein Flimmern des Lichtes in
der Beleuchtungseinheit zu vermeiden, wird von 10 bis 100 % des maximalen Lichtstroms
der Ausgangsstrom über den analogen Sollwert des DAC eingestellt. Dieser steuert im
Treiberchip LT3763 den mittleren Spulenstrom und damit den Ausgangsstrom. Für sehr
kleine Sollwerte kommt es bei dieser Methode zu Linearitätsabweichungen. Um dies zu
verhindern, wird für Helligkeitssollwerte unter 10 % des Maximalwertes der analoge Sollwert
auf die 10 % Einstellung gesetzt und zusätzlich der PWM-Eingang mit einem getakteten
Signal des PWM-Modulators beaufschlagt. Um einen Helligkeitssollwert von 1 % zu erreichen, muss demnach der DAC auf 10 % und das PWM-Signal auf eine Pulsbreite von 10 %
Einschaltdauer eingestellt werden. Das Pulsweitensignal hat eine Frequenz von ca. 770 Hz
und liegt damit wesentlich unter der Schaltfrequenz des Tiefsetzstellers. In Abbildung
3.12 ist der Verlauf des Ausgangsstromes und der Beleuchtungsstärke in Abhängigkeit des
Beleuchtungsstärkesollwertes dargestellt.

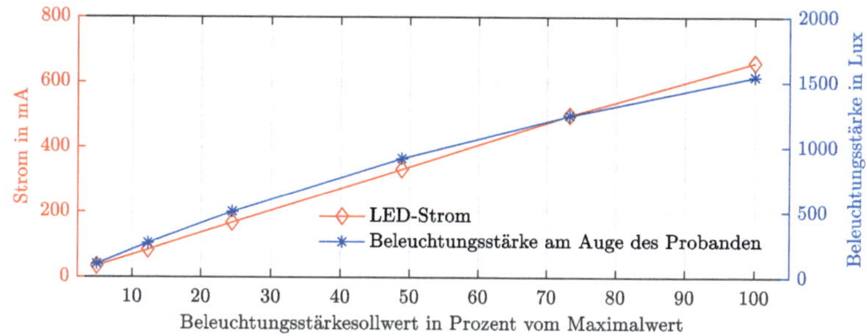

Abbildung 3.12: Linearität des Ausgangsstromes und der Beleuchtungsstärke am Auge des Probanden. Messbedingungen siehe [5]

---

[5] Bei Ansteuerung der blauen Cree XPEBBL-L1-0000-00201 LED in der Versuchshalbkugel. Die Stromquelle
besitzt einen maximalen Ausgangsstrom von 700 mA. Die Beleuchtungsstärke wurde mit einem Luxmeter
und der Kalibriervorrichtung aus Bild 3.20 gemessen.

Der Ausgangsstrom folgt linear dem vorgegebenen Sollwert, es kommt zu einer leichten Nichtlinearität zwischen Sollwert und Beleuchtungsstärke in der Halbkugel. Dies resultiert aus dem nichtlinearen Strom-Lichtstrom-Zusammenhang der LED und stimmt mit den Datenblattangaben überein. Um diesen Linearitätsfehler zu beheben, kann eine passende quadratische Funktion im Mikrocontroller hinterlegt und die Stromsollwerte entsprechend eines linearen Lichtstromzusammenhangs berechnet werden. Dies wurde in Studie A und B nicht verwendet, da der Fehler über die geschlossene Regelschleife der Helligkeit korrigiert wird.

3.4.4 Restwelligkeit des Ausgangsstromes für kleine Ausgangsleistungen

In Studie A wird eine sehr kleine Helligkeit in der Kugel benötigt. Der Ausgangsstrom der Stromquelle beträgt nur rund 2,5 mA. Es werden die Stromquellen mit einem Ausgangsstrom von 50 mA genutzt und die PWM-Dimmung eingesetzt. Der Tiefsetzsteller wird in der Hälfte der 1,3 ms langen PWM-Periode mit einem Stromsollwert von 5 mA betrieben und die restliche Zeit ausgeschaltet. Der mittlere Ausgangsstrom beträgt somit 2,5 mA. Die Spannungsschwankung (bei einem angenommenen konstanten Strom) über den LEDs beträgt $\Delta U = I_{\mathrm{Out}}/(C_{\mathrm{Out}} \cdot 2 \cdot f_{\mathrm{PWM}}) = 0{,}06\,V$. Dieser Wert konnte simulativ durch das Modell aus Abbildung 3.10 bestätigt werden. Die Schwankungen im Strom durch die LEDs betragen im Modell rund $\pm 0{,}18$ mA. Um diesen Wert weiter zu verringern, wurde ein zusätzlicher Elektrolyt-Ausgangskondensator zu C_{Out} mit 150 µF zu den vorhandenen 25 µF, aufgebaut aus Keramikkondensatoren, hinzugefügt. In der Simulation ergibt sich nun eine Stromschwankungsbreite von $\pm 0{,}025$ mA in den LEDs.

In Abbildung 3.13 ist der mittlerer Strom von 2,5 mA mit einem Messshunt von $17{,}115\,\Omega$ an der Stromquelle gemessen worden. Es ergibt sich ein dreiecksförmiger Stromverlauf mit einer Frequenz von ca. 770 Hz, im ansteigenden Teil sind Störeinkopplungen durch das Schalten des MOSFETs S_1 zu erkennen. Der Wechselanteil beträgt hier $\pm 0{,}1$ mA und somit ca. 8 % des Ausgangsstroms. Die Abweichung zur Simulation kann auf den nicht realistisch abgebildeten Serienwiderstand der Ausgangskondensatoren zurückgeführt werden.

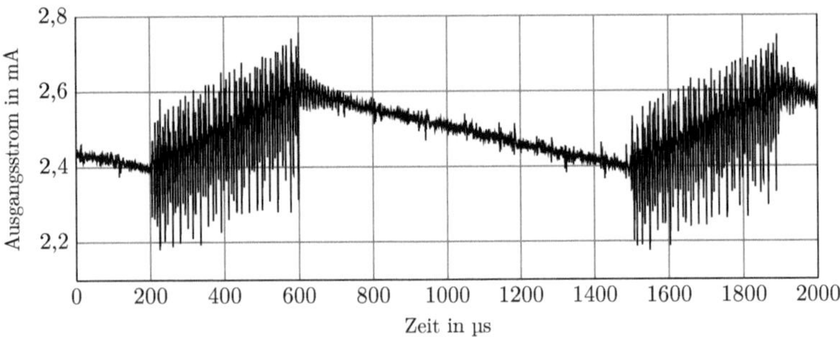

Abbildung 3.13: Zeitlicher Verlauf des Ausgangsstroms von 2,5 mA. Messbedingungen siehe [6]

In Abbildung 3.14 ist der Wechselanteil des Stromes bei einem Gleichanteil von 48,5 mA dargestellt. Hierbei erfolgte keine Dimmung.

---

[6]Gemessen mit einem Messshunt von $17{,}115\,\Omega$ und gefiltert mit Nullphasen-Butterworth-Tiefpass zweiter Ordnung mit $f_G = 2\,\mathrm{MHz}$.

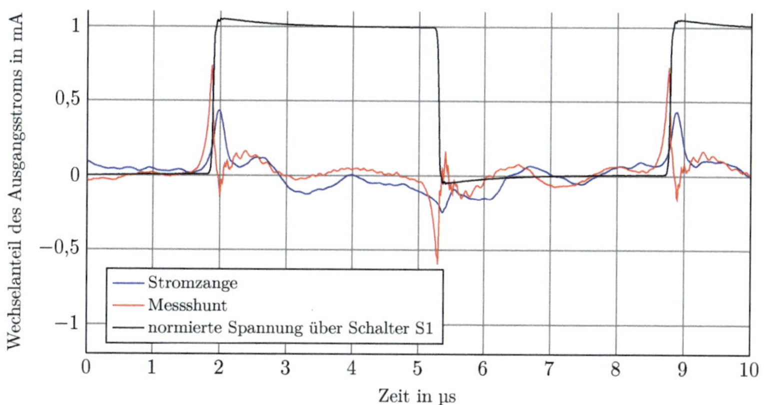

Abbildung 3.14: Wechselanteil des Ausgangsstroms bei einem Gleichanteil von 48,5 mA. Messbedingungen siehe [7]

Durch die hohe Änderungsgeschwindigkeit der Spannung über dem Schalter, welche beim Schalten von S_1 auftritt, und den kleinen Ausgangsströmen kommt es zu Störeinkopplungen auf das gemessene Stromsignal. Die Stromwelligkeit ist nicht größer als $\pm 0{,}5\,\mathrm{mA}$ bei einer Messung mittels Stromzange *A6302* von *Tektronix*. Dies ist ca. 2 % des Ausgangsstromes und kann als akzeptabel eingeschätzt werden. Simulativ ermittelte Werte liegen unter $\pm 0{,}01\,\mathrm{mA}$.

3.4.5 Berechnung der Photonendichte

Die Photonendichte an den Beleuchtungseinheiten wird für das Einstellen der Beleuchtungsstärke und den späteren Vergleich mit anderen Literaturquellen benötigt und kann aus Datenblattwerten und der Geometrie bestimmt werden. Die Photonendichte N_p am Auge des Probanden bezogen auf die Öffnungsfläche der Halbkugel A_H und auf eine Sekunde normiert berechnet sich zu:

$$E_\mathrm{p} = h \cdot f = h\,\frac{c}{\lambda} \tag{3.5}$$

$$h = 6{,}63 \times 10^{-34}\,\mathrm{J\,s} \tag{3.6}$$

$$c = 2{,}998 \times 10^{8}\,\mathrm{m\,s^{-1}} \tag{3.7}$$

$$N_p = \frac{t\,\Phi_\mathrm{e}}{E_\mathrm{p}}\,\frac{1}{t\,A_\mathrm{H}} = \frac{\text{Strahlungsenergie in der Kugel}}{\text{Photonenenergie*Fläche*Zeit}} \tag{3.8}$$

mit E_p Energie eines Photons, und Φ_e Strahlungsleistung. Es wird davon ausgegangen, dass jedes Photon welches die LEDs erzeugen die Halbkugel durch die Fläche A_H verlas-

---

[7]Gemessen mit der Stromzange TM502A und einem niederinduktiven Messshunt von $17{,}115\,\Omega$. Zusätzlich ist die Spannung über dem Schalter S1 normiert dargestellt. Daten behandelt mit Nullphasen-Butterworth-Tiefpassfilter zweiter Ordnung mit $f_G = 2\,\mathrm{MHz}$ Nullphasen-Butterworth-Hochpassfilter zweiter Ordnung mit $f_G = 100\,\mathrm{Hz}$.

sen. Mit dem ersetzen von Φ_e durch die Bestrahlungsstärke E_e sowie der Nutzung der Beleuchtungsstärke E_v ergibt sich:

$$\frac{\Phi_e}{A_H} = E_e = \frac{E_v}{K_m V(\lambda)} \tag{3.9}$$

Für eine Wellenlänge λ entsteht die Gleichung für die Photonendichte:

$$N_p = \frac{\lambda}{h\,c}\,\frac{E_v}{K_m V(\lambda)} \tag{3.10}$$

In den folgenden Untersuchungen wurde die blaue LED Cree XPEBBL-L1-0000-00201 verwendet. Laut Datenblatt weist diese einen Lichtstrom von 39,8 lm bei einem Strom von 350 mA und einer Flussspannung von 3,12 V auf. Umgerechnet ergibt dies ein Φ_v von 36,45 lm bei einem Watt elektrischer Eingangsleistung. Da die LED sehr schmalbandig abstrahlt, kann für die Photonendichte die Gleichung 3.10 verwendet werden. Für eine Peakwellenlänge von 480 nm und einem $V(\lambda)_{2°}(480){=}0{,}139$ ergibt sich aus einer Beleuchungsstärke von 506 Lux eine Photonendichte von $1{,}28 \times 10^{15}\,\mathrm{s}^{-1}\,\mathrm{cm}^{-2}$

In Tabelle 3.1 sind die aus den Datenblattangaben berechneten und gemessenen Photonendichten für eine Halbkugel mit einem Durchmesser von 50 cm verglichen. Die Messwerte wurden mittels eines *Jeti specbos 1201* Spetrometers bestimmt. Hierzu werden die spektral aufgelösten gemessenen Bestrahlungsstärken E_e in $\mathrm{W\,m}^{-2}\,\mathrm{nm}^{-1}$ aufsummiert und über die Gleichungen 3.5 und 3.10 in die Photonendichte umgerechnet.

Tabelle 3.1: Berechnete und gemessene Photonendichten. Messbedingungen siehe [8]

Beleuchtungsstärke in der Kugel in Lux	506	222	8,2
Strom in mA durch 4 LEDs	149,2	59,8	1,97
Spannung in V über 4 LEDs	11,97	11,26	9,95
Photonen $\mathrm{s}^{-1}\,\mathrm{cm}^{-2}$ gemessen	$1{,}18 \times 10^{15}$	$4{,}79 \times 10^{14}$	$1{,}6 \times 10^{13}$
Photonen $\mathrm{s}^{-1}\,\mathrm{cm}^{-2}$ berechnet	$1{,}28 \times 10^{15}$	$5{,}6 \times 10^{14}$	2×10^{13}

Es ist zu erkennen, dass die berechneten und gemessenen Werte für hohe Beleuchtungsstärken gut übereinstimmen.

---

[8] Blaue LED Cree XPEBBL-L1-0000-00201 gemessen in einer Halbkugel mit einem Durchmesser von 50 cm.

3.5 Algorithmen zur spektralen Lichtmischung und Farbortregelung

Um verschiedene Lichtspektren flexibel einstellen und eine Farbortsteuer bzw. -regelung entwickeln zu können, wurde im Vorfeld der Studien ein Labordemonstrator entworfen. Dieser basiert auf fünf verschiedenen LEDs bestückt auf einer LED-Platine. Diese ist in einer Schreibtischlampe eingebaut und es wird die Ansteuerung aus Kapitel 3.4 verwendet.

Eingesetzt werden XP-E2 LEDs von *Cree* mit den Farben Rot, Grün, Blau, Amber und ein Weiß mit guter Farbwiedergabe (hoher Wert des Farbwiedergabeindex CRI, color rendering index). In Abbildung 3.15 ist der Testaufbau der Schreibtischlampe mit LED-Platine und Farbsensor im Lampenkopf zu sehen. Die gewünschte Farbtemperatur oder der Farbort ist über ein Webinterface oder an einem Potentiometer einstellbar.

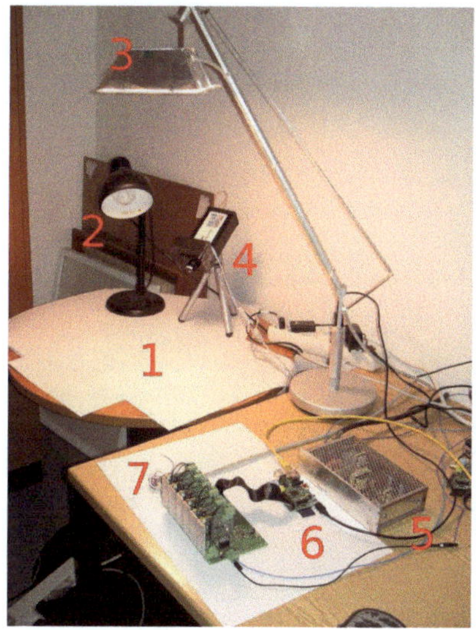

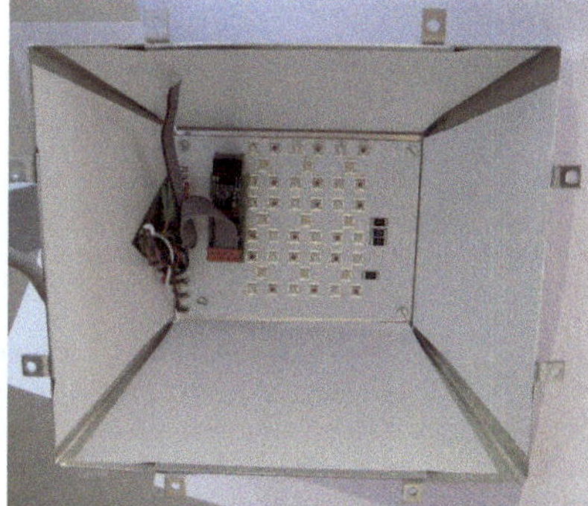

(a) Testaufbau, Bildquelle: [138]

(b) Leuchtenkopf (3) mit Farbsensor und LEDs ohne Diffusor

Abbildung 3.15: Testaufbau für die spektrale Lichtmischung mit Projektions- und Messfläche (1), Glühfadenlampe als Referenzlichtquelle (2), Leuchte mit LEDs und Farbsensor (3), Messgerät *Specbos 1211* von *Jeti* (4), Netzteil (5), Steuerrechner (6) und Stromquellen (7)

An diesem Testaufbau wurden verschiedene Untersuchungen durchgeführt [138–142]. Der Schwerpunkt dabei war es, Algorithmen für eine Steuerung und Regelung von mehr als drei LEDs zu finden und zu implementieren. Im Folgenden sollen wichtige Ergebnisse kurz wiedergegeben werden. Einschränkend soll bemerkt sein, dass hinsichtlich der optischen Eigenschaften wie Gleichmäßigkeit, Schattenbildung, Blendung usw. keinerlei Optimierungen vorgenommen worden sind. Es wird ein lineares Strom-Lichtstrom-Verhältnis der LEDs für die durchgeführten Berechnungen angenommen.

3.5.1 Dreikanalige Farbortsteuerung

In das CIE Farbraumdiagramm aus Kapitel 2.2 wurden in Abbildung 3.16 beispielhaft drei
LEDs (rot, grün und blau) mit ihren Farborten eingezeichnet.

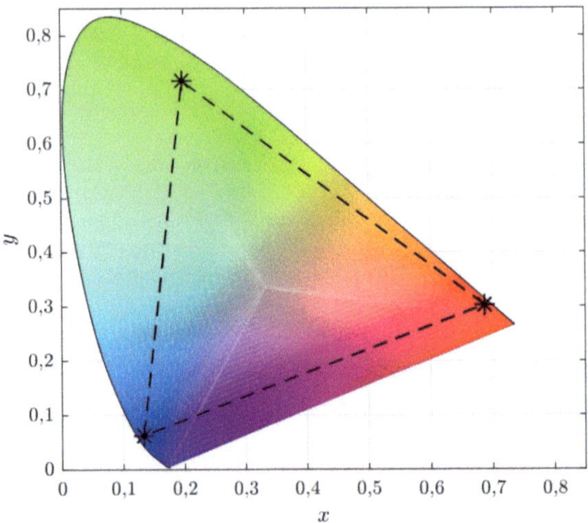

Abbildung 3.16: Farben im CIE Farbraum nach [6], die Außenkurve beschreibt monochromatische,
gesättigte Farben

Es können alle Farben innerhalb des Dreiecks gemischt werden. Dabei wird eine Zielhelligkeit
$Y_{Soll} = Helligkeitssoll$ festgelegt. Diese ist direkt proportional mit dem Helligkeitsempfin-
den (siehe Kapitel 2.1.2) eines menschlichen Beobachters und dient als Skalierungsfakor
für die Tristimuluswerte jeder LED, d.h. für X_{LED_n}, Y_{LED_n}, und Z_{LED_n}.

Diese Tristimuluswerte werden nach Gleichungen 3.11, 3.12 und 3.13 berechnet und in einer
Matrix M zusammengefasst. In [143] wird vorgeschlagen, Y_{LED_n} mit dem Lichtstromwert
der jeweiligen LED zu wählen. Damit kann direkt auf den addierten Mischlichtstrom
geschlossen werden. Da absolute Lichtstromwerte hier nicht relevant sind, wird $Y_{LED_n} = 1$
gesetzt.

$$Y_{LED_n} = 1 \tag{3.11}$$

$$X_{LED_n} = \frac{x_{LED_n} Y_{LED_n}}{y_{LED_n}} \tag{3.12}$$

$$Z_{LED_n} = \frac{(1 - x_{LED_n} - y_{LED_n}) Y_{LED_n}}{y_{LED_n}} \tag{3.13}$$

$$M = \begin{Bmatrix} X_{LED_1} & X_{LED_2} & X_{LED_3} \\ Y_{LED_1} & Y_{LED_2} & Y_{LED_3} \\ Z_{LED_1} & Z_{LED_2} & Z_{LED_3} \end{Bmatrix} \tag{3.14}$$

Mit der Vorgabe von Y_{soll} und den Gleichungen 3.15, 3.16 und 3.17 können die Sollwerte
X_{soll} und Z_{soll} berechnet werden.

$$Y_{soll_{1..n}} = Helligkeitssoll \tag{3.15}$$

$$X_{soll_n} = \frac{x_{LED_n}\,Y_{soll_{1..n}}}{y_{LED_n}} \tag{3.16}$$

$$Z_{soll_n} = \frac{(1 - x_{LED_n} - y_{LED_n})\,Y_{soll_{1..n}}}{y_{LED_n}} \tag{3.17}$$

Da die jeweiligen LED-Ströme bei Idealbedingungen direkt proportional zu den Tristimuluswerten einer LED sind, ergibt sich:

$$\begin{Bmatrix} I_{LED_{1\,soll}} \\ I_{LED_{2\,soll}} \\ I_{LED_{3\,soll}} \end{Bmatrix} = k_{\mathrm{I}}\, M^{-1} \cdot \begin{Bmatrix} X_{soll} \\ Y_{soll} \\ Z_{soll} \end{Bmatrix} \tag{3.18}$$

Die Ströme durch die LEDs $I_{LED_{1..n\,soll}}$ müssen entsprechend der technischen Randbedingungen durch den Wert $Y_{soll_{1..n}}$ und dem Multiplikator k_{I} skaliert sein. Um den gewünschten Farbort zu erreichen, sind die Verhältnisse der Ströme zueinander entscheidend.

Durch Temperatur und Alterungseffekte in den LEDs kann jedoch nicht sichergestellt werden, dass ein durch diese Berechnung eingestellter Farbort auch dem richtigen Absolutfarbort entspricht bzw. dieser über längere Zeit konstant ist. Das menschliche Auge kann Farbunterschiede in mehreren Leuchten mit gleichem Sollspektrum sehr gut wahrnehmen. Sind mehrere Leuchten, mit durch mehreren LEDs gemischtem Licht, aber gleichem Zielfarbort, ohne Farbortregelung in einem Raum, ist der Farbeindruck mit hoher Wahrscheinlichkeit für jede Leuchte unterschiedlich. Um diese unerwünschten Effekte zu vermeiden, ist, gerade bei einem Einsatz von LEDs mit unterschiedlichen Emittermaterialien, der Einsatz einer Farbortregelung alternativlos.

3.5.2 Dreikanalige Farbortregelung

In einer vom Autor implementierten Variante wird in der Regelung nicht direkt auf die Farbwerte geregelt, sondern aus den Farbsollwerten werden Stromsollwerte mit den Datenblattwerten der verwendeten LEDs generiert. Diese Variante wurde durch Quelle [144] inhaltlich unterstützt. Auf die Stromsollwerte wird mittels der Farbortistwerte des Farbsensors geregelt und diese werden dann, auf die gewünschte Helligkeit skaliert, als Stromwerte an die LEDs ausgegeben. Die Struktur ist in Abbildung 3.17 zu sehen.

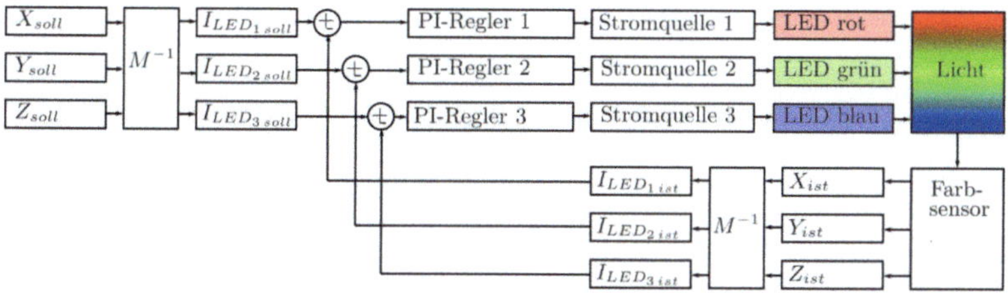

Abbildung 3.17: Struktur des vorgeschlagenen dreikanaligen Reglers

Analog zu Abschnitt 3.5.1 werden die Tristimulussollwerte und die LED-Farbmatrix M berechnet.

Mit der Matrix M der verwendeten LEDs und den Farbsensorwerten X_{ist}, Y_{ist}, Z_{ist} kann mit der Gleichung

$$\left\{ \begin{array}{c} I_{LED_1\,ist} \\ I_{LED_2\,ist} \\ I_{LED_3\,ist} \end{array} \right\} = k_I\,M^{-1} \cdot \left\{ \begin{array}{c} X_{ist} \\ Y_{ist} \\ Z_{ist} \end{array} \right\} \tag{3.19}$$

der aktuelle Iststrom $I_{LED_{1..n}\,ist}$ jeder LED berechnet werden. Wichtig ist hier die Kalibrierung des Farbsensors, da diese erheblichen Einfluss auf die Absolutgenauigkeit des Farbortes hat. Hierfür sei auf den Hersteller des Farbsensors verwiesen, da weitere Details den Rahmen der Arbeit sprengen würde [41, 42]. Diese Verfahrensweise wird dadurch gestützt, dass für die in Diskussion stehenden Studien keine hohe Absolutgenauigkeit, sondern eine hohe Reproduzierbarkeit des Farbortes erforderlich ist, um alle Probanden mit dem gleichen Spektrum zu exponieren.
Das menschliche Auge kann, auch durch die Pupille, unter großen Helligkeitsunterschieden noch eine gute Farbauflösung erzielen. Ein Farbsensor sollte idealerweise den gleichen Helligkeitsumfang abbilden. In modernen Sensoren wird ein großer möglicher Eingangswertebereich über die Integrationszeit des Photostromes sowie der Veränderung des Referenzstroms erzielt. Für die Untersuchungen wurde ein MaZeT MTCS INT AB 4 True Color Sensorboard verwendet. Es beinhaltet einen MTCSiCS Integral True Color Sensor und die Photoströme werden mit einem MCDC04 16 bit 4-channel analog-to-digital converter (ADC) mit I2C Schnittstelle ausgewertet. Das Sensorboard wurde aufgrund seiner dem Farbstandard CIE 1931/DIN 5033 nachempfundenen Farbfilter der Kanäle ausgewählt. Die Farbkanäle entsprechen direkt den Tristimuluswerten X,Y und Z für einen 2 Grad Normbeobachter [145–147]. Der Sensor basiert auf Interferenzfiltern für die Farbselektivität und ist sehr alterungsbeständig.

Die Zeitkonstanten im Regelkreis für den Farbort werden maßgeblich von der Integrationszeit des Farbsensors bestimmt. Diese ist abhängig von der zu messenden Helligkeit. Der verwendete ADC liefert drei Farbkanäle mit von der Integrationszeit abhängiger Auflösung, die maximal ausgegebene Auflösung beträgt 16 bit. Es wird für alle drei Kanäle die gleiche Integrationszeit genutzt. Um eine hohe Genauigkeit der Messung zu erreichen, müssen die Messwerte den 16 bit Wertebereich ausnutzen. Problematisch ist hierbei ein Überlaufen des Integrator-Registers im ADC. Dieser Fall wird nicht intern im Chip detektiert, kann für einen oder mehrere Kanäle erfolgen und macht das Messergebnis unbrauchbar.

Für die weiteren Betrachtungen wird davon ausgegangen, dass die zu mischende Lichtfarbe weiß ist. Dies schränkt die Wertebereiche der Quotienten X/Z und Y/Z zwischen den Tristimuluswerten ein. Der Extremfall, in dem ein Kanal einen sehr hohen und alle anderen sehr kleine Werte aufweisen, wird verhindert. In Tabelle 3.2 ist aufgezeigt, dass die größten Absolutwertunterschiede in den Tristimuluswerten im Bereich kleiner Farbtemperaturen auftreten, da dort der X Wert nur sehr wenig ausgesteuert wird.

Um eine gute Aussteuerung aller Kanäle mit einer Messung zu erreichen, sollte der Wert von X/Z oder von Y/Z nicht größer als 8 sein. Die kleinstmögliche Farbtemperatur wird für die weiteren Betrachtungen auf den Wert von 2000 Kelvin festgelegt. Dies entspricht einer Natriumdampflampe und wird als hinreichend warm eingeschätzt. Eine weitere Möglichkeit

Tabelle 3.2: Tristimuluswerte und ihre Verhältnisse zueinander für Punkte auf der schwarzer Strahler Kurve

Farbtemperatur in K	x	y	X	Y	Z	Verhältnis X/Z
10000	0,28	0,29	0,97	1	1,48	0,65
4000	0,38	0,38	1	1	0,63	1,58
2000	0,52	0,41	1,27	1	0,17	7,43
1500	0,59	0,39	1,51	1	0,05	29,5

ist, für jeden Kanal eine eigene Messung mit unterschiedlichen Empfindlichkeiten durchzuführen. Die hat jedoch noch größeren Zeitverzögerungen durch die Messung zur Folge und wird deshalb hier nicht genutzt. Bei einem Wertebereich von 16-bit müssen demnach alle Messwerte (X, Y und Z) größer als 2^{13} (8192) sein. Falls diese Bedingung nicht erfüllt wird, kann eine erneute Messung mit nächstgrößerer Integrationszeit durchgeführt werden. Gleichzeitig wird aber auch sichergestellt, dass kein Überlauf eines Wertes erfolgt. In Tabelle 3.3 sind die Einstellungen der Messungen mit ihren Skalierungsfaktoren dargestellt.

Tabelle 3.3: Konfiguration des Farbsensors für verschiedene Empfindlichkeiten

Nummer der Einstellung	Auflösung in bit	Integrationszeit in ms	ADC Referenzstrom in nA	Skalierungsfaktor der Messung
4	16	64	20	16348
5	16	64	80	4096
6	16	64	320	1024
7	16	64	1280	256
8	16	64	5120	64
9	15	32	5120	32
10	14	16	5120	16
11	13	8	5120	8
12	12	4	5120	4
13	11	2	5120	2
14	10	1	5120	1

Bei jedem Neustart der Leuchte muss die Messung mit der niedrigsten Empfindlichkeit (kleiner Skalierungsfaktor) begonnen werden. Ist der Messwert zu niedrig, kann mit der nächsthöheren Empfindlichkeit die Messung wiederholt werden. Siehe hierzu Abbildung 3.18.

Durch dieses Vorgehen addieren sich die Integrationszeiten, die Leuchte reagiert nur sehr träge. Im Labordemonstrator wurden PI(Proportional-Integral)-Regler für jeden LED-Strom mit sehr langsamen Ansprechverhalten implementiert. Bei Sollwertsprüngen reagiert das System träge. Die Reglerparameter wurden empirisch ermittelt. Dabei wurde der Proportionalanteil des Systems schrittweise bis an die Stabilitätsgrenze erhöht und anschließend ein geringer Integral-Anteil hinzugefügt. Die Parameter wurden so gewählt, dass kein Überschwingen sichtbar wird. Diese Vorgehensweise kann durch Aufzeichnung der Sprungantwort des Systems und der Nutzung der Einstellregeln von Ziegler und Nichols weiter verbessert werden. Die Stabilität des Farbortes wurde nicht mit einem Spektrometer überprüft, ist aber aufgrund der gleichbleibenden Messwerte des Farbsensors gegeben. Um eine hohe Absolutwertgenauigkeit des Farbortes zu erreichen, müsste der Farbsensor

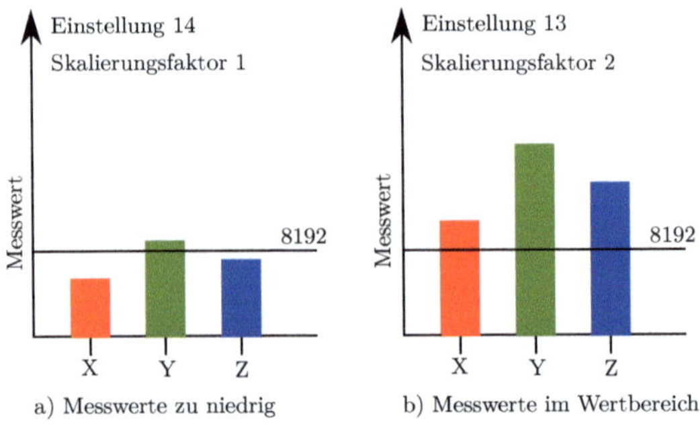

Abbildung 3.18: Messwerte und Skalierungsfaktoren des Farbsensors

individuell auf das Leuchtensystem kalibriert werden. Für die durchzuführenden Studien ist dies nicht nötig, da ausschließlich eine gute Reproduzierbarkeit der Expositionsbedingungen für alle Probanden nötig ist. Um eine schnellere Anregelzeit zu erreichen, müsste ein Optimierungsproblem für ein kontinuierliches, hybrides System mit hoher Trägheit [148] gelöst werden. Da die Notwendigkeit für dieses verbesserte Verhalten hier nicht besteht wurde der Ansatz nicht weiter verfolgt. Die hier gezeigte Farbortregelung dient als Grundlage für die Regelung des Farbortes in den Lichtexpositionseinheiten der Studien. In Studie A wurden die genutzten Spektren durch jeweils eine angesteuerte LED erzeugt. Daher war nur eine Helligkeits- und keine Farbortregelung nötig. Siehe hierzu Abschnitt 3.5.4.

3.5.3 Mehrkanalige Steuerung und Regelung mit mindestens 4 LED

Für bestimmte zu erzeugende Zielspektren kann es notwendig sein, mehr als drei LEDs gleichzeitig zur Mischung zu nutzen. Sollen mehr als drei LED-Kanäle gesteuert werden, ist das Gleichungssystem 3.18 unterbestimmt und es müssen zum Farbort zusätzliche Randbedingungen gefunden werden. In Abbildung 3.19 sind die Farborte von fünf verschiedenen LED im CIE-Farbraum eingezeichnet.

Alle Farborte innerhalb der von den LEDs aufgespannten Fläche können erreicht werden. Durch die Verwendung von mehr als drei LEDs erhält man Freiheitsgrade bei der Berechnung der jeweiligen Sollströme. Diese Freiheitsgrade können für eine Optimierung des Spektrums beispielsweise hinsichtlich Energieeffizienz, Farbwiedergabequalität oder Blauanteil verwendet werden. Im BMBF-Forschungsprojekt InnoSys mit der Projektlaufzeit parallel zu diesem (NiviL) Forschungsvorhaben wird eine intelligente Regelung für ein vierkanaliges LED-System untersucht. In der Literatur werden diese Systeme in den Quellen [36, 149–151] besprochen.

3.5.4 Regelung der Helligkeit in den Studien A und B

Studie A Für die Untersuchungen in Studie A wurden die genutzten Spektren durch jeweils eine angesteuerte LED erzeugt, daher war nur eine reine Helligkeits- und keine Farbortregelung nötig. Die Helligkeit musste je nach Expositionsbedingung (rotes oder blaues Licht) für alle Untersuchungsnächte konstant sein und wurde über den in die Beleuchtungseinheit eingebauten Farbsensor geregelt. Die benötigte Photonenzahl wurde für beide Expositionsbedingungen berechnet (siehe hierzu Kapitel 5.1.7), in der Beleuchtungseinheit durch die Programmierung eingestellt sowie mit dem Spektrometer *Yeti Specboss 1211*

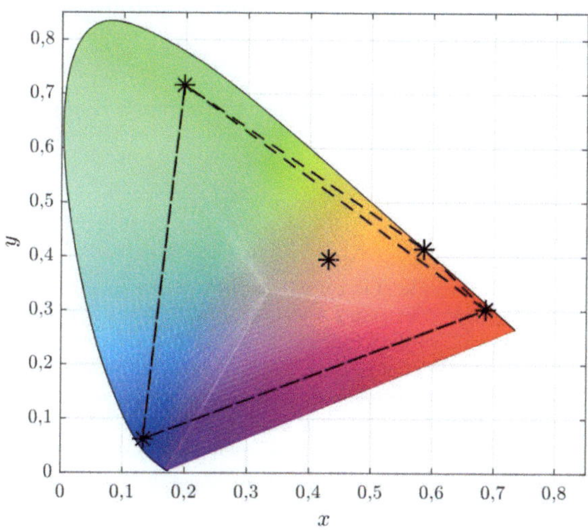

Abbildung 3.19: Farben im CIE-Farbraum nach [6], es sind die Farborte von 5 LEDs eingezeichnet

gemessen. Gleichzeitig wurde der vom Farbsensor gelieferte Wert notiert und fest in der Software als Sollwert hinterlegt. Dabei wurde für die Exposition mit der roten LED der X-Kanal des Farbsensor und für die Exposition mit der blauen LED der Z-Kanal des Farbsensors genutzt, da diese im jeweiligen Bereich ihr Empfindlichkeitsmaximum besitzen. Der Wert ist für jede der vier Beleuchtungseinheiten individuell ermittelt worden, um die Abweichungen in der Photonenzahl zwischen den Beleuchtungseinheiten zu minimieren. Die in Kapitel 3.5.2 vorgestellte Regelung wurde auf einen Farbkanal begrenzt und implementiert. Im Verlauf der Studie wurde über den Zeitraum von einem halben Jahr die Beleuchtungsstärke mit einem Luxmeter *Minilux* in der Position des Auges der Probanden kontrolliert und eine angezeigt maximale Abweichung von $\pm 0{,}1$ Lux für einen Sollwert von 8 Lux (blau) und 9,2 Lux (rot) bei einem Messbereich von 0 bis 19,99 Lux festgestellt. Dies liegt im Rahmen der Messungenauigkeit und kann als ausreichend für die Studie angesehen werden.

Da die verwendeten LEDs in Studie A mit einem sehr kleinen Strom von ca. 2 mA betrieben wurden, wäre eine Regelung der Helligkeit nicht in jedem Fall nötig gewesen, da Temperaturdrift und Alterung bei diesen Betriebsbedingungen für den Zeitraum der Studie keinen nennenswerten Einfluss gehabt hätten. Durch die Regelung war jedoch gleichzeitig noch eine Fehlererkennung für das Bedienpersonal möglich, da bei korrekt erreichtem Sollwert und einer Regelabweichung innerhalb der Toleranzgrenze im Display am Bedienpanel der Beleuchtungseinheiten eine Rückmeldung in Form eines *Helligkeit Stabil!* Schriftzuges eingeblendet wurde. Die korrekte Funktion war somit leicht zu erkennen. War diese Rückmeldung nicht angezeigt, dann konnte die Beleuchtungseinheit laut Anweisung für das Studienpersonal nicht genutzt werden.

Studie B In Studie B wurde eine pupillengrößenabhängige Leuchtdichteregelung eingesetzt. Diese ist in Abschnitt 3.6 beschrieben.

3.6 Pupillenerkennung und pupillengrößenabhängige Leuchtdichteregelung

Die Anzahl der Photonen pro Sekunde, welche durch die Pupille ins Auge der Probanden eintreten, soll für alle Probanden konstant sein. Um dies sicherzustellen wurden eine pupillengrößenabhängige Leuchtdichteregelung implementiert.

3.6.1 Hardware

Für die Pupillenerkennung wurde eine Kamera DMM 22BUC03 der Firma *the imaging source* genutzt. Die Kamera liefert eine Auflösung von 744x480 Pixel und arbeitet mit einem 1/3 Zoll monochrom complementary metal-oxide-semiconductor (CMOS) Sensor. Das verwendete Objektiv war ein TCL 1216 der Firma *the imaging source* mit einer Brennweite von 12mm und einer einstellbaren Blende von 1,6-16. Auf dem Objektiv war ein Infrarotfilter montiert, um die Belichtungszeit unabhängig vom Umgebungslicht einstellen zu können. Für die Beleuchtung der Pupille wurden drei Infrarot-Leuchtdioden in der Halbkugel montiert. Der Aufbau ist in Abbildung 3.20 zu sehen. Aufgrund des Einbaus der Kamera in der Kugel ergibt sich ein geringer Abstand vom Auge des Probanden. Mit einem Abstand des Objektives vom Auge des Betrachters von 22 cm und einem Durchmesser des Objektives von 4 cm ergibt sich ein Winkel von ca. 10 Grad, welcher im Auge des Probanden nicht mit Licht exponiert wird. Dies wird als unkritisch eingeschätzt, zumal dieser Bereich im oberen Teil des Augapfels liegt, da die Kamera unterhalb der Sichtachse angebracht ist. Die Pupillenerkennung wurde nur in Studie B eingesetzt und war für Studie A nicht eingebaut.

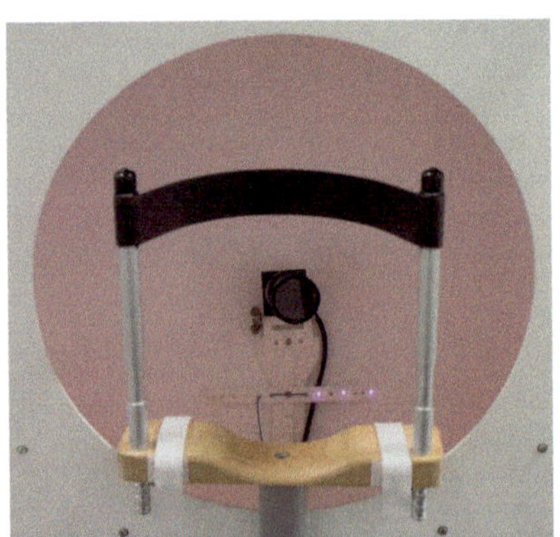

(a) In die Halbkugel eingebaute Kamera, die Infrarotdioden leuchten lila

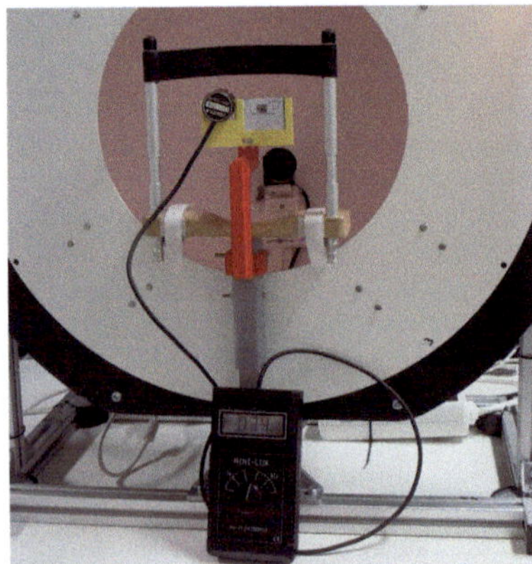

(b) Halbkugel mit Kalibriervorrichtung und Helligkeitsmessgerät für die Pupillenmessung

Abbildung 3.20: Beleuchtungseinheit mit der Kamera für die Pupillenerkennung

3.6.2 Software

Die Pupillenkamera sendete Daten per USB zur Auswertung an einen Windows-PC. Die Software für die Pupillenerkennung wurde vom Projektpartner aus Tübingen zugeliefert.

Sie basiert auf dem Starburst Algorithmus [152] und nähert den Durchmesser der gefundenen Pupille mittels einer Ellipse. Abbildung 3.21 a) zeigt das Kamerabild mit einer Kalibrierpupille und Abbildung 3.21 b) ein reales Probandenbild.

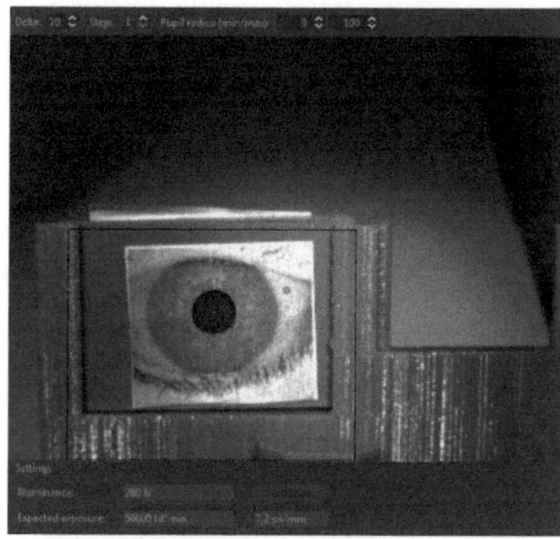

(a) Kamerabild des Testblättchens mit erkannter Kalibrierpupille, Messwert Pupillengröße 7,27 mm mit Objektiv 6 mm und 7,2 Pixel pro mm

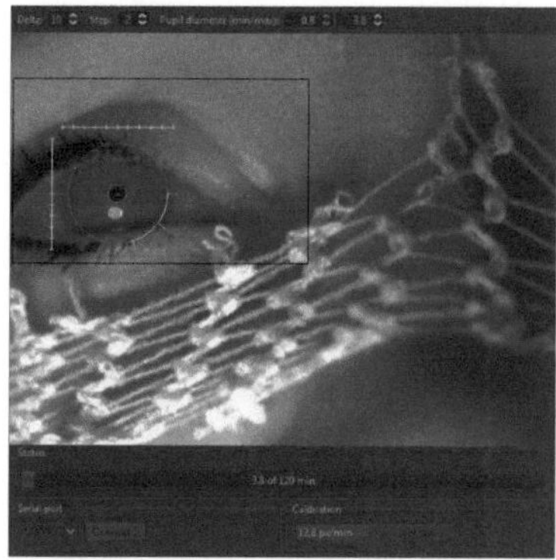

(b) Kamerabild mit erkannter Pupille eines Probanden, Messwert Pupillengröße 1,65 mm mit Objektiv 12 mm und 12,8 Pixel pro mm

Abbildung 3.21: Pupillenerkennungssoftware

Die Kamera arbeitet mit einer Bildwiederholrate von 30 Hz und für jedes Bild wird die ermittelte Pupillengröße mit seinem zugehörigen Zeitstempel gespeichert. Diese Daten werden in Kapitel 6.2.3 ausgewertet. Für die Steuerung der Leuchtdichte in der Beleuchtungseinheit wird die Pupillengröße in der PC-Software über 10 Sekunden gemittelt und anschließend per serieller Schnittstelle an den Mikrocontroller der Stromquellen übertragen. Die Photonendichte pro Sekunde ist proportional zur Leuchtdichte in der Blendenöffnungsfläche. Die Regelung wird im folgenden als Leuchtdichteregelung bezeichnet. Ein Überblick über das Gesamtsystem bildet Abbildung 3.6. In Abbildung 3.22 ist die Struktur der Leuchtdichteregelung bzw. proportional dazu die Photonenzahl an der Augenlinse zu sehen.

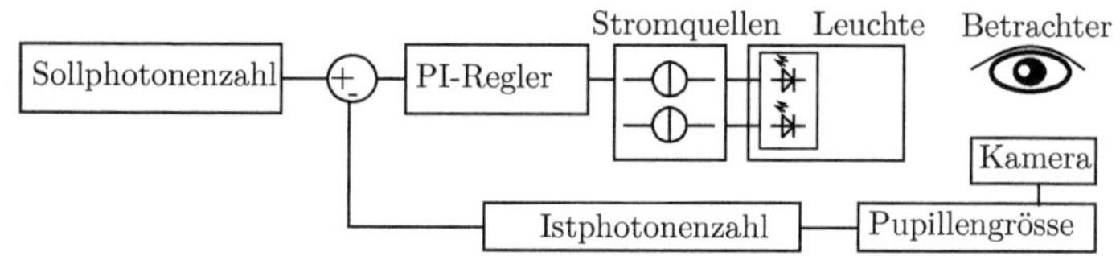

Abbildung 3.22: Regelkreis für die Photonenzahl an der Augenlinse bzw. proportional dazu die Leuchtdichte in der Blendenöffnungsfläche.

Die Leuchtdichteregeleung fährt den neuen Sollwert über einen I-Regler sehr langsam an (Zeitkonstante ca. 6,8 Sekunden), siehe hierzu Abbildung 3.23.

Wird der Leuchtdichtesollwert durch die Pupillenerkennung vorgegeben, ist der Regelkreis des Farbsensors deaktiviert. Durch die Verzögerung, resultierend aus der Mittelwertbildung der Pupillenmesswerte und einer großen Zeitkonstanten in der Leuchtdichteregelung, wird eine Oszillation zwischen Pupille und Leuchtdichteistwert vermieden.

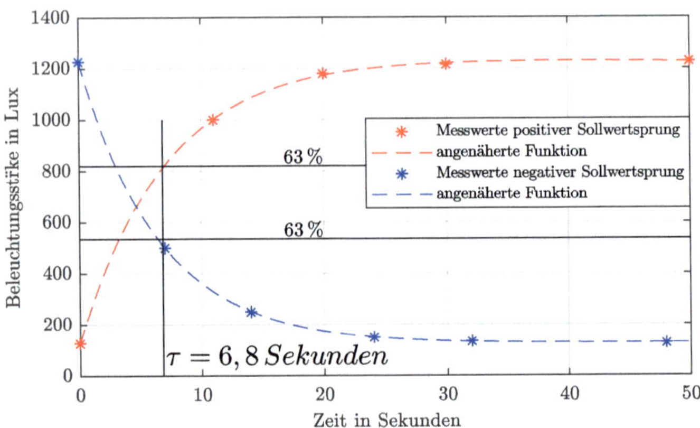

Abbildung 3.23: Messung der Reglerzeitkonstanten im Mikrocontroller. Messbedingungen siehe [9]

3.7 Biologische Risiken optischer Strahlung

Ausgangspunkt folgender Ausführungen ist [153] von der Bundesanstalt für Arbeitsschutz und Arbeitsmedizin. Die verwendete optische Strahlung dringt anders als UV Strahlung vernachlässigbar tief in menschliches Gewebe ein. Die biologische Wirkung auf Haut und Augen muss somit nicht betrachtet werden. Die verwendeten Lichtquellen können aufgrund ihrer spektralen Zusammensetzung eine photochemische oder photothermische Netzhautschädigung im Auge sowie eine photosensitive Reaktion auf der Haut hervorrufen. Da die Studie B sowohl von der verwendeten Bestrahlungsstärke als auch Expositionsdauer ein größeres Schädigungsrisiko im Vergleich zu Studie A erwarten lässt, wird diese im folgenden in ihrer Gefährdung bewertet.

Die Expositionsdauer ist mit 135 Minuten sehr lang. Es kann dabei vorwiegend zu einer photochemischen Netzhautgefährdung kommen. Die thermischen Wirkungen auf das Auge und der Einfluss auf die Haut können vernachlässigt werden. Der photochemische Grenzwert für die Expositionsdauer und einer großflächigen Lichtquelle beträgt $L_{Bmax} = 123{,}5\,\mathrm{W\,m^{-2}\,sr^{-1}}$. Die größte mögliche Strahlungsleistung wird an den Probanden abgegeben, falls die beiden in Studie B genutzten Stromquellen mit ihrem Maximalwert betrieben werden. Die Spektren der verwendeten LEDs sind in Abbildung 3.1 zu finden. Um den Grenzwert zu ermitteln, wurden die größtmöglichen spektralen Strahldichten $L_e(\lambda)$ der blauen und weißen LED am Auge des Probanden mittels eines Spektroradiometers *Yeti Specbos 1211* gemessen. Werden die ermittelten spektralen Strahldichten mit der spektralen Wirkungsfunktion für photochemische Netzhautgefährdung $B(\lambda)$ multipliziert, ergibt sich die effektive Strahldichte L_B.

$$L_{\mathrm{B}} = \int_{300nm}^{700nm} B(\lambda) L_e(\lambda)\,\mathrm{d}\lambda. \tag{3.20}$$

---

[9]Messwerte für einen positiven- (von maximaler Pupillengröße 5 mm auf der Minimalwert von 1,6 mm) und negativen Sollwertsprung (von minimaler Pupillengröße 1,6 mm auf den Maximalwert 5 mm) und den damit verbundenen Beleuchtungsstärkesollwerten aus Studie B. Siehe hierzu auch Abbildung 5.11

Für die blaue LED und dem Maximalstrom von 700 mA ergibt sich ein L_B von 4,2 W m^{-2} sr^{-1}. Für die weiße LED und dem Maximalstrom von 50 mA ergibt sich ein L_B von 0,03 W m^{-2} sr^{-1}. Beide Werte sind sehr weit vom Grenzwert für eine Gefährdung entfernt, die Lichtexposition kann somit als ungefährlich angesehen werden.

4 Systematisierung von quantitativen EEG-Analysen

Wie in Kapitel 2.6.5 aufgezeigt, existiert eine große Bandbreite möglicher Vorgehensweisen zur Aufnahme und Analyse eines EEGs. Um weitere Arbeiten auf dem Gebiet zu erleichtern, wurden in der Literatur genutzte Verfahren zusammengefasst und für die Planung weiterer Studien aufbereitet.

4.1 Datengewinnung und Aufbereitung

Im Folgenden wird aus Ingenieurssicht ein Vorschlag für eine mögliche Abfolge von relevanten Fragestellungen für eine Studie, in der EEG-Daten erfasst und ausgewertet werden, aufgezeigt. Die Systematik passt für Studien, in denen Lichteinflüsse auf den Menschen untersucht werden, kann aber auch für andere Untersuchungen angewendet werden. Diese Fragestellungen können als Leitfaden für eine Versuchsvorbereitung und spätere Auswertung angesehen werden. In Abschnitt 5.2 und 5.4 wird diese Systematik auf die im Rahmen dieser Arbeit durchgeführten Studien angewendet.

1. **Welcher Parameter soll im EEG erfasst werden?**

   a) Aufmerksamkeit, Müdigkeit oder Vigilanz?
      Aufmerksamkeit wird häufig mit hoher Aktivität im oberen Alpha- oder Beta-Band gemessen. Müdigkeit des Probanden drückt sich bei offenen Augen mit hohen Leistungen in den unteren Alpha, Theta- und Delta-Frequenzbändern aus [105, 106, 154, 155]. In [60] wird ein Quotient zwischen Alpha und Theta-Wellen zur Quantifizierung der Müdigkeit genutzt. Die Vigilanz kann Mithilfe der Vigall Software der TU Leipzig [112] bewertet werden, hier wird die Verschiebung des Alpha-Rhythmus von Occipetal nach Frontal mit einer Abnahme der Vigilanz assoziiert. Für diese Auswertung werden 19 Elektroden auf der Kopfoberfläche benötigt.

   b) Schlaf und Schlafphasen [109]

   c) Hirnaktivität zur Diagnose von Krankheiten.

2. **Ist eine örtliche Auflösung der Signale wichtig?**
   Um die EEG-Aktivität einzelner Hirnregionen zu bestimmen, ist eine hohe Anzahl (mindestens 20) Elektroden nötig. Die Weiterverarbeitung der Daten kann dann

mittels der Programmumgebung EEGlab und einer *ICA, independend component analysis* erfolgen, soll aber hier nicht weiter verfolgt werden.

3. **Soll ein kontinuierlicher Zeitverlauf oder kurze Zeitabschnitte ausgewertet werden?**

   kontinuierlicher Zeitverlauf

   - Eine Referenzleistung ist als Bezugsgröße nötig. Siehe hierzu Abschnitt 2.7.6

   - In wie viele Abschnitte, in denen die Leistungen in den Frequenzbändern gemittelt werden, kann die Messung eingeteilt werden? Was ist eine sinnvolle Abschnittslänge?

   - Gibt es Abschnitte, die nicht mit in die Auswertung einbezogen werden können? Dies kann durch externe Einflussname wie Blutabnahmen, Bewegung oder Geräusche verursacht werden.

   - Sind die Augen der Probanden für den Messzeitraum offen oder geschlossen? Die Frequenzspektren unterscheiden sich zwischen den beiden Zuständen grundlegend, siehe Abschnitt 2.6.5.

   unabhängige Zeitabschnitte

   - Nutzung einer Referenzleistung als Bezugsgröße (siehe Abschnitt 2.7.6) oder Nutzung des AAC wie in Quelle [62, 65] (siehe hierzu Tabelle 2.1).

   - Es sind Marker im EEG zur Identifikation der einzelnen Abschnitte nötig.

   - Was passiert zwischen den Messzeitpunkten? Werden die Probanden evtl. müde? Sind die Messpunkte miteinander vergleichbar?

4. **Welche Elektrodenpositionen sollen gemessen werden? Was ist die Referenzelektrode?**
   Für eine Zuordnung der Frequenzbestandteile des EEGs zu den Hirnregionen siehe Abschnitt 2.6.5 oder Quelle [112].

5. **Besteht die Möglichkeit, dass Probanden unbemerkt einschlafen? Wenn ja, muss der Schlaf im EEG erkannt werden?**
   Mit dem Einsetzen starker Müdigkeit beginnen sich die Frequenzanteile im EEG zu verändern und es kann nicht mehr mit einem Wachzustands-EEG verglichen werden [106]. Es ist daher oft sinnvoll, Abschnitte in denen Probanden eingeschlafen sind, nicht mit in die Auswertung einzubeziehen. Für eine generelle Schlaferkennung ohne die Unterteilung in Schlafphasen sowie weiterführende Literatur sei auf die vom Autor betreute Studienarbeit [133] hingewiesen.

6. **Welche Artefakte können auftreten? Ist es nötig diese zu finden? Müssen die betroffenen Daten rekonstruiert werden oder reicht es diese Daten nicht mit in die Auswertung einzubeziehen?**
   Siehe hierzu Abschnitt 2.7.7. Sind sehr viele Daten durch eine kontinuierliche Messung und Auswertung des EEGs vorhanden, kann oft ein durch ein Artefakt verzerrtes EEG-Segment aus der Auswertung ausgenommen werden. Ist es nötig, die Originaldaten zu rekonstruieren, sei auf weiterführende Literatur wie die Dokumentation zu *EEGLab* oder [109] verwiesen.

7. **Welche Messeinrichtung wird zur Aufzeichnung des EEGs genutzt? Welche Abtastrate ist nötig und wie groß soll die Frequenzauflösung sein?**
Je nach Anforderungen an die Aufzeichnung und Anzahl der Elektroden muss ein EEG-Datenrekorder ausgewählt werden. Die Abtastrate beeinflusst die Segmentgröße, in der die spätere Frequenzanalyse durchgeführt werden kann. Für eine hohe Trennschärfe zwischen den einzelnen spektralen Anteilen in der Frequenzanalyse, ist eine hohe Abtastrate günstig. Siehe hierzu auch Abschnitt 2.7.2.

8. **Welche Filter sollen genutzt werden?**
Zu Beginn der Auswertung müssen die aufgezeichneten EEG-Daten von einem möglichen Gleichanteil im Signal gereinigt werden. Ein mögliches Einstreuen des Stromnetzes im Haus im Bereich von 50 Hz kann mit einem steilflankigen Kerbfilter entfernt werden. Nach der Artefakterkennung und vor der Frequenzanalyse kann ein Bandpassfilter den Auswertebereich auf die späteren Frequenzbänder einschränken.

4.2 Spektralanalyse und Datenauswertung

Im Folgenden wird nur auf eine Spektralanalyse der EEG-Daten eingegangen. Mögliche andere Auswerteverfahren sind unter anderem: stufenweise, kontinuierliche Intervall-Amplitudenanalyse, autoregressives Modell, Wavelet Analyse oder eine nichtlineare, dynamische Systemanalyse (Chaosanalyse). Hierzu sei auf weiterführende Literatur wie beispielsweise [110, 120] verwiesen.

Es ergeben sich die Fragestellungen:

1. **Wie lang soll ein Auswertesegment T_S für die Spektralanalyse sein?**
Um die Berechnung des Frequenzspektrums zu beschleunigen, sollte die Anzahl der Abtastwerte N_S in einem Segment einer Zweierpotenz entsprechen. Siehe hierzu auch Abschnitt 2.7.5. Bei einer Abtastrate des EEG-Signals von f_A und einer Segmentlänge von T_S ergibt sich: $N_S = T_S \cdot f_A$. Die Frequenzauflösung liegt bei $\Delta f = f_A/N_S$.

2. **Welche Funktion soll zur Fensterung der Auswertesegmente verwendet werden?**
Für mögliche Fensterfunktionen zur Frequenzanalyse sei auf Abschnitt 2.7.4 verwiesen.

3. **Wie viele Segmente werden zu einem Abschnitt zusammengefasst und gemittelt?**
Aufgrund von nicht erkannten Artefakten oder sonstigen Störungen, können nach der DFT in den sich ergebenden Leistungen für die jeweiligen Frequenzbänder sehr große Streuungen sowie Ausreißer auftreten. Um diese zu entfernen, werden mehrere Segmente zu einem Abschnitt zusammengefasst. Üblich sind Abschnittslängen zwischen einer und 10 Minuten. Für die im folgenden verwendeten 7 Minuten ergeben sich somit maximal 105 auswertbare Segmente. Um die Daten zu filtern, werden für jeden Frequenzanteil die kleinsten und größten Werte eines Abschnitts entfernt sowie anschließend alle Leistungen, welche mehr als das n-fache der Standardabweichung vom Mittelwert entfernt sind, gelöscht. Die verbliebenen Werte werden durch Mittelwertbildung zu einer Leistung im jeweiligen Frequenzband für diesen Abschnitt zusammengefasst.

5 Methodik der durchgeführten Studien

Ausgehend von [156] hängt die Qualität bzw. Aussagekraft einer Probandenstudie wesentlich von deren Versuchsdesign ab. Die Typen und das Design der durchgeführten Studien wurden durch die jeweilige Fragestellung definiert. Diese und alle weiteren maßgeblichen Parameter werden im Folgenden erläutert.

5.1 Studie A - Melatoninsuppression

Es werden nur die, für die im Rahmen dieser Arbeit durchgeführten Auswertungen, relevanten Eigenschaften der Studie benannt. Für die komplette Dokumentation der Studie sei auf den Ethikantrag und das Studienprotokoll zur Studie *„Effekt unterschiedlicher Lichtspektren auf die Melatoninsuppression bei Patienten mit einer Bipolar-I-Störung"* an der Klinik und Poliklinik für Psychiatrie und Psychotherapie am Universitätsklinikum Carl Gustav Carus an der Technischen Universität Dresden verwiesen.

5.1.1 Ziele und Hypothesen der Studie

Die Abschnitte 5.1.1 bis 5.1.6 korrespondieren mit Teilen des Ethikantrags vom 02.07.2015. Es wird auf die Erläuterung von medizinischer Fachtermini mit geringer Relevanz für das grundsätzliche Verständnis der Zusammenhänge verzichtet.

Da bei affektiven und insbesondere Bipolaren Störungen die biologischen Rhythmen gestört sind, wirkt sich dies auf die circadiane Rhythmik und eine veränderte Schlafcharakteristik der Patienten aus. Über die nichtvisuelle Lichtrezeption erfolgt eine Synchronisation der inneren Rhythmen mit der Umwelt. Die Wirkung verschiedener Lichtspektren auf den Melatoninspiegel (dieser moduliert die innere Uhr) wird zwischen gesunden Probanden und Patienten mit einer Bipolar-I-Störung verglichen. Die Ergebnisse sollen für ein verbessertes Verständnis der Zusammenhänge zwischen nichtvisueller Lichtrezeption und veränderter circadianer Rhythmik dienen.

Im Rahmen dieser Arbeit werden speziell die im Studienverlauf erhobenen Größen wie KSS-Werte, EEG-Daten und Hormonwerte in ihrer Aussage bezüglich der nichtvisuellen Wirkung der Lichtexposition ausgewertet und hinsichtlich ihrer Eignung für die Charakterisierung selbiger beurteilt.

Hypothesen: Bei Patienten mit einer Bipolaren Störung findet bei nächtlicher Lichtexposition mit einer Wellenlänge von 478 nm (blau) eine signifikant höhere Melatoninsuppression gegenüber gesunden Probanden statt. Bei Exposition mit rotem Licht (Maximum bei einer Wellenlänge von 624 nm, keine Emission bei 480 nm) wird in beiden Gruppen keine Melatoninsuppression induziert. Als Referenz wird eine zusätzliche Messung ohne Lichtexposition (schwarz) durchgeführt. Die Aufmerksamkeit, gemessen im Alpha- bzw. Beta-Wellen-Anteil des EEGs ist bei Exposition mit blauem Licht bei Bipolar-I Patienten höher als bei gesunden Kontrollpersonen.

5.1.2 Studiendesign, Zielgrößen, Fallzahlen und Randomisierung

Es handelt sich um eine Querschnittsstudie mit cross-over Design. Dabei erfolgt sowohl ein intraindividueller Vergleich der Probanden als auch zwischen Patienten mit einer Bipolar-I-Störung und gesunden Kontrollprobanden. Den Probanden wurden zwei Lichtexpositionsszenarien- schwarz-blau-rot und schwarz-rot-blau zugeteilt um *carryover*-Effekte auszugleichen, die sich eventuell durch eine Exposition gegenüber einer der Wellenlängen ergeben könnten. Die Fallzahlberechnung erfolgte ausgehend von den bisher veröffentlichten Daten mit dem Ziel einer Teststärke[10] von Alpha=5 % und Beta=20 %. Der Einschluss von 60 Probanden pro Gruppe wurde geplant. Die Zielgrößen (abhängige Variablen) sind die zeitlich aufgelösten Werte von Melatoninkonzentration, EEG und die Werte der KSS. Die Randomisierung hinsichtlich der Reihenfolge der Expositionsbedingungen erfolgte mittels Block-Randomisierung mit Blöcken der Größe vier.

5.1.3 Stand der Literatur

Die in Abschnitt 5.1.1 formulierte Hypothese basiert auf [76–78, 157–159]. In diesen wurden teils signifikante Unterschiede in der Melatoninsuppression von bipolar erkrankten Personen im Vergleich zu gesunden Kontrollpersonen gefunden, allerdings mit sehr niedrigen Probandenzahlen. Gleichzeitig wurden die verwendeten Lichtspektren nur ungenügend oder gar nicht beschrieben.

5.1.4 Ein- und Ausschlusskriterien

Einschlusskriterien

- Alter 21-55 Jahre

- euthyme (neutrale) Stimmungslage mit einem Wert auf der YMRS-*Young Mania Rating Scale* kleiner gleich 7 und der MADRS-*Montgomery-Asberg Depression Scale* Skala kleiner gleich 7

- sprachliche und geistige Fähigkeit, die Studienanforderungen zu erfüllen

- Einwilligung in die Studie nach umfassender Aufklärung

spezifische Einschlusskriterien für Patientengruppe

- gesicherte Diagnose einer Bipolaren Störung Typ I nach DSM-*Diagnostic and Statistical Manual of Mental Disorders* V Kriterien

---

[10]Die Fallzahlberechnung wurde nicht durch den Autor durchgeführt. Für nähere Erläuterungen sei auf Quelle [156] verwiesen.

spezifische Einschlusskriterien für gesunde Kontrollprobanden

- keine psychiatrische Störung außer Anpassungsstörung in Vollremission

- keine Verwandten ersten oder zweiten Grades mit einer psychiatrischen Störung aus den Bereichen ICD-*Inventory of Depressive Symptomatology* 10 F2x.x, F3x.x oder F4x.x

Ausschlusskriterien (beide Gruppen)

- Abhängigkeit von illegalen Drogen oder Alkohol

- somatische Erkrankungen, die die Schlafqualität erheblich beeinflussen (Polyneuropathie, chronisches Schmerzsyndrom, Herzinsuffizienz etc.)

- Autoimmun- oder chronisch entzündliche Erkrankungen (Vaskulitis, Borreliose, Polyarthritis, etc.), neoplastische Erkrankungen und Diabetes mellitus

- Psychiatrische Diagnosen aus Bereichen ICD 10 F0x.x und F2x.x, Posttraumatische Belastungsstörung und emotional-instabile Persönlichkeitsstörung, sowie andere schwere Persönlichkeitsstörungen und psychiatrische Erkrankungen, die die Durchführbarkeit der Studie gefährden (Ausschluss per Durchführung eines strukturierten klinischen Interviews I + II durch einen Facharzt für Psychiatrie und Psychotherapie)

- Ophthalmologische Erkrankungen einschließlich Glaukom, Katarakt und Farbsinnstörungen, aber ohne unkomplizierte Myopie/Hyperopie (Ausschluss durch Tonometrie, Ishihara-Farbsinnprüfung, Spaltlampenuntersuchung)

- Medikation: Benzodiazepine, Zopiclon, Zolpidem, niedrigpotent Neuroleptika, Melatonin, Pregabalin und Gabapentin

- Schwangerschaft

- Schichtarbeit

- Reise mit Zeitverschiebung größer zwei Stunden in den letzten zwei Wochen

5.1.5 Studienablauf

Der Studienablauf umfasste eine Screening-Visite, sowie drei nicht zwingend aufeinanderfolgende Untersuchungsnächte. Die Studie wurde im Winterhalbjahr von Oktober 2015 bis April 2016 durchgeführt, um eine annähernd gleiche Lichthistorie der Probanden am Tag zu gewährleisten.

Der Studienablauf ist Abbildung 5.1 zu entnehmen und wird im Folgenden näher erläutert.

Screening Die zum Screening eingeladenen Probanden wurden ausführlich über die Studie aufgeklärt und nach deren Einwilligung auf Erfüllung der Einschlusskriterien überprüft. Die Verifizierung der Diagnose (Patienten) beziehungsweise der Ausschluss einer psychiatrischen Erkrankung erfolgt durch das SKID-1 Interview und anhand der Kriterien des DSM-V *Statistical Manual of Mental Disorders*. Im Anschluss fand eine augenärztliche Untersuchung zur Überprüfung des Farbsehvermögens, der Linsentrübung und eine Retinoskopie statt.

		Versuchsnacht		
		1	2	3
Proband erscheint Fragebögen Standardmahlzeit Zugang für Blutentnahmen	18:00 Uhr			
EEG Messstart Licht gedimmt (10 Lux)	20:00 Uhr			
Augen weit tropfen Augenklappe	21:00 Uhr Blutentnahme	Augenklappe	Augenklappe	Augenklappe
Augenklappe	22:00 Uhr Blutentnahme			
Licht an	23:00 Uhr Blutentnahme	Augenklappe (schwarz)	rot oder blau	rot oder blau
Licht aus Augenklappe	23:30 Uhr Blutentnahme	Augenklappe	Augenklappe	Augenklappe
Ende	24:00 Uhr Blutentnahme			

Abbildung 5.1: Studienablauf Studie A

Erste, zweite und dritte Untersuchungsnacht Die Probanden wurden aufgefordert, in den sieben Tagen vor den Untersuchungsnächten einen regelmäßigen Schlaf-Wach-Rhythmus mit mindestens 7 Stunden Schlaf pro Nacht und eine Aufstehens-Zeit nicht später als 7:30 Uhr einzuhalten. Am Untersuchungstag sollte keine Kaffee-/Alkoholaufnahme nach 13:00 Uhr mehr stattfinden.

Die Probanden erschienen um 18:00 Uhr im Studienlabor und erhielten um 19:00 Uhr eine einheitliche Mahlzeit. Um 19:30 Uhr wurde ein peripherer Venenverweilkatheter gelegt, der Blutentnahmen zu den Zeitpunkten 21:00, 22:00, 23:00, 23:30 und 24:00 Uhr gewährleistete. Anschließend wurden die Kopfhaut-Elektroden für die Ableitung des EEGs angelegt. Während der Untersuchungsnacht konnten die Probanden ein vorgegebenes Hörspiel hören, dies wurde von den meisten genutzt. Um 20:00 Uhr wurde das Zimmer abgedunkelt, wobei die maximal zulässige Beleuchtungsstärke am Probandensitzplatz 10 Lux vertikal betrug. Alle Probanden trugen ab 21:00 Uhr eine Augenmaske, um jegliche Lichtexposition zu verhindern. Um 21:00 Uhr wurden die Pupillen der Probanden weit getropft und es erfolgten regelmäßige Vigilanzkontrollen mittels KSS. Zwischen 23:00 Uhr und 23:30 Uhr fand die Licht- bzw. Dunkel-Exposition statt. Für die Dunkel-Exposition setzten sich die Probanden aufrecht, trugen jedoch weiterhin die Augenklappe. Nach der Lichtexposition wurde die Augenklappe wieder angelegt, um 24:00 Uhr endete die Untersuchungsnacht nach der letzten Blutentnahme.

5.1.6 Rekrutierung und Probandenzahlen

Gesunde Kontrollprobanden wurden über Aushänge rekrutiert. Patienten mit einer Bipolar-I-Störung sind über die Bipolar Spezialsprechstunde der Institutsambulanz der Klinik und Poliklinik für Psychiatrie und Psychotherapie am Carl Gustav Carus Universitätsklinikum Dresden und über weitere Kliniken mit Versorgungsauftrag im Raum Dresden rekrutiert worden. Potentielle Probanden wurden für die Screening-Untersuchung kontaktiert und nach umfassender Aufklärung über die Studie um ihr Einverständnis zur Teilnahme gebeten. Die Probanden erhielten eine Aufwandsentschädigung von 150 €.

In Tabelle 5.1 sind die Probandenzahlen und Eigenschaften der Studienpopulation zusammengefasst.

Tabelle 5.1: Probandenzahlen für die Studie A, n Bezeichnet die Anzahl der Probanden, $\overline{Alter}$ den Mittelwert ihres Alters und σ_{Alter} die Standardabweichung des Alters

		weiblich			männlich		
	n	n	$\overline{Alter}$	σ_{Alter}	n	$\overline{Alter}$	σ_{Alter}
Voruntersuchung	116	71	40,7	10,6	45	40,8	10,0
in Studie eingeschlossen	92	56	39,0	10,8	36	41,2	9,6
davon Bipolar-I	35	20	41,5	12	15	45,6	9,5
gesunde Probanden	57	36	40,4	21	180	38,1	8,4
Alle Messnächte absolviert	90	55	41,0	10,8	35	41,2	9,7
davon Bipolar-I	33	19	42,2	11,9	14	45,2	9,9
gesunde Probanden	57	36	40,4	10,3	21	38,1	8,4

5.1.7 Expositionsbedingungen

Die Lichtexposition fand mittels der in Abschnitt 3 beschriebenen Beleuchtungseinheiten statt.

Um die verwendeten Expositionsbedingungen für die Studie A zu bestimmen, wurde die Literaturstelle [55] herangezogen. In dieser wird in Grafik 2 B die Melatoninunterdrückung im Blut in Relation zur Photonenanzahl für verschiedene Lichtspektren dargestellt. Die Grafik ist in Abbildung 5.2 zu sehen.

Die Kurve entspricht mit 472 nm einer der blauen Lichtexposition sehr ähnlichen Wellenlänge. Um einen Unterschied in der Melatoninsuppression messen zu können, wurde ein Wert im mittleren Teil des Anstiegs (ca. 40 %) gewählt. Die für diese Melatoninunterdrückung nötige Photonenzahl beträgt $1{,}6 \times 10^{13}$ Photonen s^{-1} cm^{-2} bei einer Wellenlänge von 472 nm. Diese Photonenzahl wurde im Mittelpunkt der Öffnung der Beleuchtungseinheit, wobei das Messgerät mit dem Messkopf gerade nicht in die Halbkugel eindringt, als Referenzwert für beide Lichtspektren festgelegt.

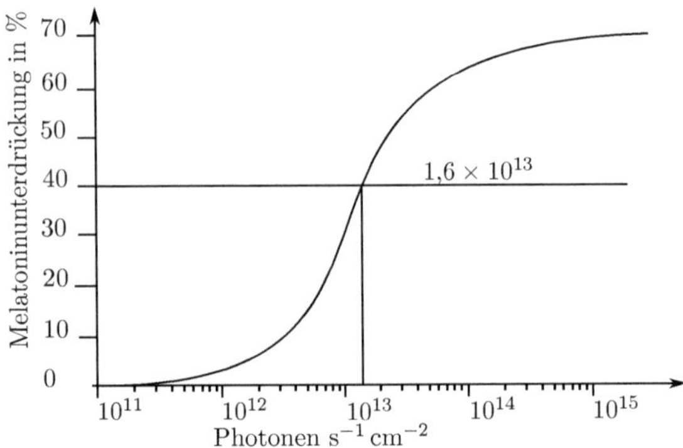

Abbildung 5.2: Ermittlung der Photonenzahl für den Laborversuch A. Die Kurve ist aus [55] für eine Wellenlänge von 472 nm entnommen.

Die für die drei Untersuchungsnächte genutzten Lichtbedingungen sind in Tabelle 5.2 aufgeführt.

Tabelle 5.2: Expositionsbedingungen für Studie A, alle Werte sind an der Position des Auges der Probanden in der Schnittebene der Halbkugel mit einem Spektroradiometer *Yeti Specbos 1211* gemessen.

Bezeichnung der Exposition	Schwarz	Rot	Blau
Spitzenwellenlänge in nm	-	624	478
Halbwertsbreite in nm	-	18	25
Photonendichte in Photonen s^{-1} cm^{-2}	0	$1{,}6 \times 10^{13}$	$1{,}6 \times 10^{13}$
Beleuchtungsstärke E_v in Lux	0	9,2	8
Bestrahlungsstärke E_e in W m^{-2}	0	5×10^{-2}	$6{,}6 \times 10^{-2}$
melanopische Bestrahlungsstärke E_eC in W m^{-2}	0	$1{,}7 \times 10^{-4}$	$5{,}7 \times 10^{-2}$
melanopischer Wirkfaktor	0	$1{,}6 \times 10^{-2}$	5,7

5.1.8 Melatonin

Die in den Untersuchungen abgenommenen Serumproben wurden in der jeweiligen Untersuchungsnacht abzentrifugiert, aliquotiert und bei -80 °C gelagert. Die Melatoninkonzentration wurde aus dem Serum mit einer Doppelbestimmung durch ein Radioimmunassay von IBL International gemessen.

5.1.9 KSS

Die in Abschnitt 2.6.4 beschriebene KSS wurde in Studie A von allen Probanden in allen Untersuchungsnächten um jeweils 21:00, 22:00, 23:00, 23:15, 23:30 und 24:00 Uhr erhoben. Allen Probanden wurde gegen 18 Uhr die KSS anhand der Grafik in Abbildung 5.3 vorgestellt und sie konnten diese bis 21:00 Uhr beliebig oft betrachten.

In Abbildung 5.4 sind die arithmetischen Mittelwerte aus den erhobenen KSS-Werten über der Messzeit aufgetragen. Der „Licht an" Zeitpunkt Null dient als Referenz. Es erfolgt eine Unterteilung der Probanden in Gesunde und bipolar Erkrankte.

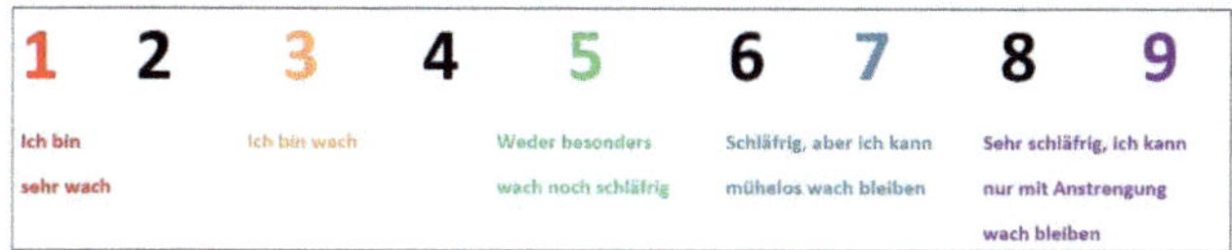

Abbildung 5.3: KSS-Grafik für die Probanden

Um Ausreißern weniger Gewicht zu verleihen, wurde für jeden Zeitpunkt, jede Lichtfarbe und jede Probandengruppe die Standardabweichung σ ermittelt. Alle Messwerte, welche mehr als drei Standardabweichungen vom Mittelwert über die jeweilige Probandengruppe zum jeweiligen Zeitpunkt entfernt liegen, wurden aus dem Datensatz entfernt. Die Ergebnisse der KSS-Werte mit diesen Umrechnungen sind in Abbildung 6.4 zu sehen.

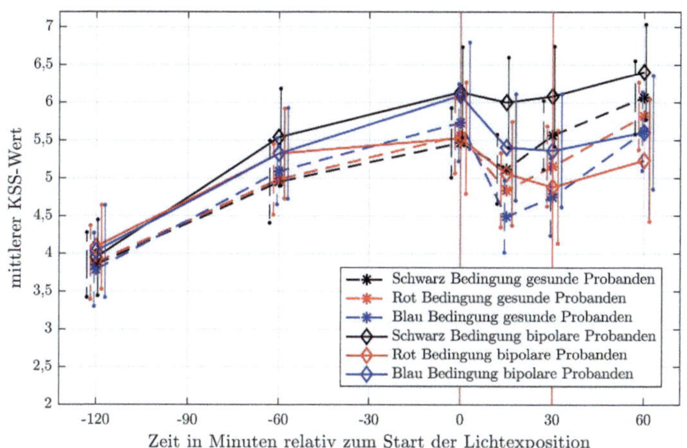

Abbildung 5.4: Gemittelte KSS-Werte für verschiedene Lichtfarben und Probandengruppen[11]. Der „Licht an" Zeitpunkt Null dient als Referenz.

Es ist zu erkennen, dass die Messpunkte vor „Licht an" für die unterschiedlichen Lichtfarben und Probandengruppen nicht übereinstimmen. Daher lässt sich die Wirkung des Lichtes auch nur schwer ablesen. Um dies zu umgehen, wurde eine Normierung der KSS-Werte für jeden Probanden durchgeführt. Von allen KSS-Werten eines Probanden ist sein Wert von „Licht an" abgezogen worden.

---

[11] Vertikale Balken stellen das 95% Konfidenzintervall dar. Die Messwerte sind zur besseren Lesbarkeit mit Linien verbunden.

5.2 EEG aus Studie A

Im Folgenden wird die in 4.1 und 4.2 aufgestellte Systematik auf die Studie A angewendet. Ausgehend vom schon beschriebenen Studiendesign, werden die zu erfassenden Parameter sowie deren Auswertung erläutert und auf Randbedingungen, resultierend aus weiteren am Probanden gemessenen Parametern (beispielsweise die Melatoninwerte), eingegangen.

5.2.1 Datenaufbereitung

Die zu erfassenden Parameter sind Aufmerksamkeit und Müdigkeit der Probanden während und nach der Lichtexposition. Eine örtliche Auflösung der EEG-Signale im Kopf des Probanden ist nicht nötig.

Die Aufzeichnung und Auswertung der EEG-Signale erfolgt kontinuierlich über 4 Stunden von 20 bis 24 Uhr. Die Probanden sitzen zurückgelehnt auf einem Sessel. Ein Schema des Ablaufs ist in Abbildung 5.5 aufgezeigt.

Von 20 bis 21 Uhr sind die Augen der Probanden geöffnet, in diesem Zeitraum liegen die

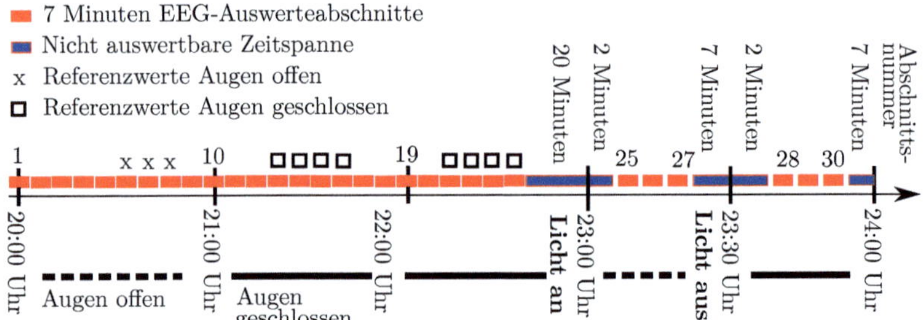

Abbildung 5.5: EEG-Auswerteabschnitte für die Studie A

Referenzabschnitte für den Zeitraum der Lichtexposition von 23 bis 23:30 Uhr, bei dem die Augen der Probanden ebenfalls geöffnet sind. Von 21 bis 23 Uhr sind die Augen der Probanden geschlossen und zusätzlich mit einer Augenmaske bedeckt. In diesem Zeitraum liegen die Referenzabschnitte für den Zeitraum nach der Lichtexposition von 23:30 bis 24 Uhr, in dem die Probanden die Augen geschlossen haben und zusätzlich ihre Augenmaske tragen.

Um 21, 22, 23, 23:30 und 24 Uhr erfolgt eine Blutabnahme am Probanden. Diese dauern jeweils rund 5 Minuten an und verfälschen in diesem Zeitraum das EEG-Signal. Um 23 Uhr mit Beginn der Lichtexposition mussten sich die Probanden im Sessel aufrecht hinsetzen und ihren Kopf auf die Kinnstütze der Lichtquelle ablegen. Diese Zeitabschnitte mit vielen Bewegungsartefakten müssen im EEG ausgeblendet und nicht mit in die Auswertung einbezogen werden.

Zu Beginn der Lichtexposition wurde am EEG-Aufzeichnungsgerät ein Zeitmarker „Licht An" im EEG gesetzt. Alle Zeiten in der Auswertung beziehen sich auf diesen. Am Ende der Exposition wurde ein weiterer „Licht Aus" -Marker gesetzt. Die Dauer der Lichtexposition beträgt 30 Minuten. Die ersten 2 Minuten nach dem „Licht An" und 7 Minuten vor dem „Licht Aus" -Marker werden nicht ausgewertet. Der Beginn und das Ende der Lichtexposition bringt Unruhe für die Probanden und koppelt Artefakte in das EEG-Signal ein. Somit können 21 Minuten in die Auswertung einbezogen werden. Um mindestens drei gemittelte Datenpunkte während der Lichtsituation zu erhalten, wurde die Länge der FFT-Leistungsabschnitte mit 7 Minuten gewählt.

Um die gewünschten Parameter zu gewinnen, werden in der Literatur die Elektrodenpositionen C, O, und F genutzt (siehe Abschnitt 2.7.1). In Studie A wurde eine Ableitung von C3, O1, F3 sowie A2 referenziert zu Cz vorgenommen. Die Referenzierung zu Cz ist von der Herstellerfirma des EEG-Gerätes standardmäßig vorgenommen worden. Durch eine Subtraktion der Signale wurde die Ableitung auf die A2 Elektrode umgerechnet.

$$U_{C3/Cz} = C3 - Cz \tag{5.1}$$

$$U_{A2/Cz} = A2 - Cz \tag{5.2}$$

$$U_{C3/A2} = C3 - Cz - (A2 - Cz) \tag{5.3}$$

Für die Aufzeichnung des EEGs ist ein *Somnotouch-Gerät* von *Somnomedics* verwendet worden. Die maximale und verwendete Abtastrate beträgt 256 Hz. Die im *Somnotouch-Gerät* aufgezeichneten Daten wurden in die *Domino Light* Software von *Somnomedics* übertragen. In dieser Software ist eine erste Begutachtung der Aufzeichnungen durchgeführt worden und evtl. fehlende Marker wurden nachträglich gesetzt. Anschließend sind die Daten im standardisierten EDF-Format exportiert worden. Nach dem Import der Daten in *Matlab* wurde ein eventuell vorhandener Gleichanteil durch einen Filter (Nullphasen vierte Ordnung Butterworth-Hochpass mit einer Grenzfrequenz von 0,1 Hz) entfernt.

In Abbildung 5.6 ist der gesamte Ablauf schematisch aufgezeichnet.

Probanden schliefen zwischen 21 und 23 Uhr häufig ein, dieser Schlaf wurde durch eine Schlaferkennung, wie in Abschnitt 2.7.8 beschrieben, erkannt. Die jeweiligen Segmente wurden nicht in die Auswertung einbezogen. Anschließend ist die in Abschnitt 2.7.7 beschriebene Artefakterkennung mit einem festen Schwellwert von 80 µV genutzt worden. Die Schwellwertfilterung nutzte eine Fenstergröße von 50 Segmenten mit einer Länge von 4 Sekunden. Dabei wurde eine maximale Abweichung der Amplituden von der zweieinhalbfachen Standardabweichung als obere Grenze gesetzt.

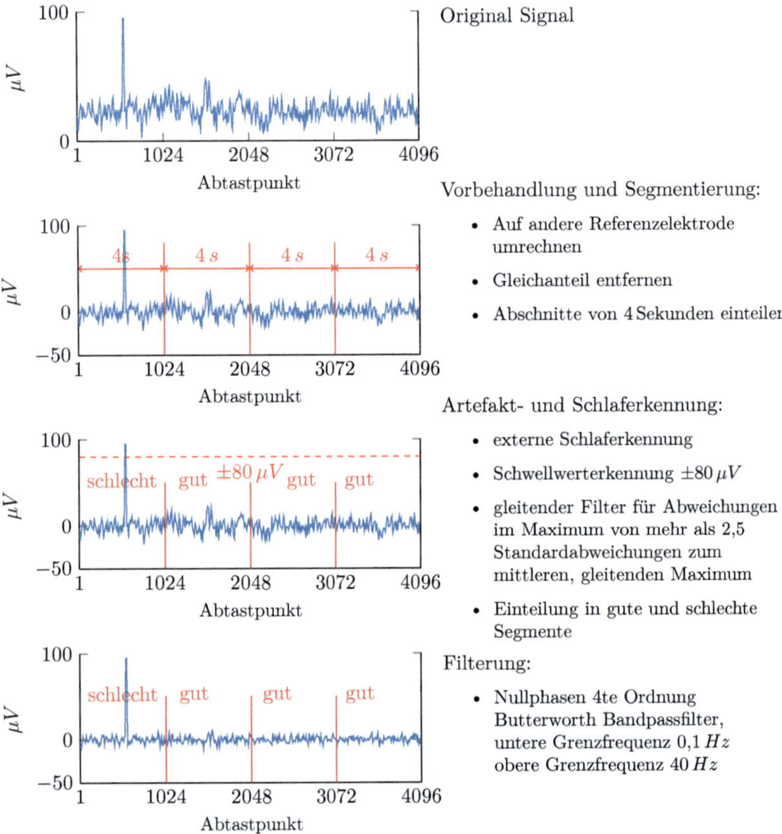

Vorbehandlung und Segmentierung:

- Auf andere Referenzelektrode umrechnen
- Gleichanteil entfernen
- Abschnitte von 4 Sekunden einteilen

Artefakt- und Schlaferkennung:

- externe Schlaferkennung
- Schwellwerterkennung $\pm 80\,\mu V$
- gleitender Filter für Abweichungen im Maximum von mehr als 2,5 Standardabweichungen zum mittleren, gleitenden Maximum
- Einteilung in gute und schlechte Segmente

Filterung:

- Nullphasen 4te Ordnung Butterworth Bandpassfilter, untere Grenzfrequenz $0,1\,Hz$ obere Grenzfrequenz $40\,Hz$

Abbildung 5.6: Ablaufschema der Datenaufbereitung der EEG-Signale für Studie A

Nach der Einteilung der Segmente in nutzbar („gut") und nicht nutzbar („schlecht"), wurden die Daten mit einem Nullphasen vierte Ordnung Butterworth-Bandpassfilter mit den Grenzfrequenzen 0,1 und 40 Hz bandbegrenzt. Der Amplitudengang des Filters ist in Abbildung 5.7 gezeigt.

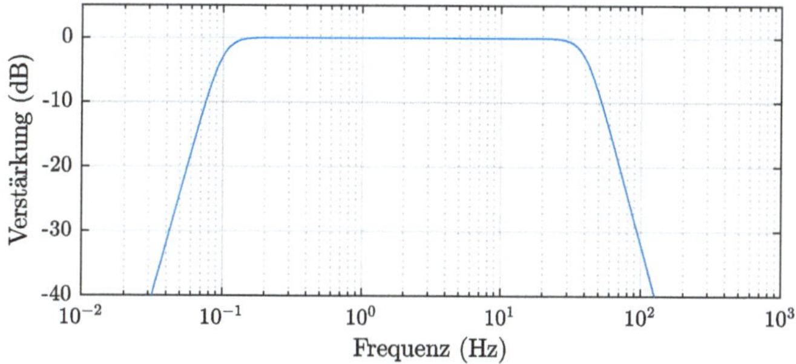

Abbildung 5.7: Amplitudengang des EEG-Bandpassfilters

5.2.2 Spektrale Datenauswertung

In Abbildung 5.8 ist der Ablauf schematisch aufgezeichnet.

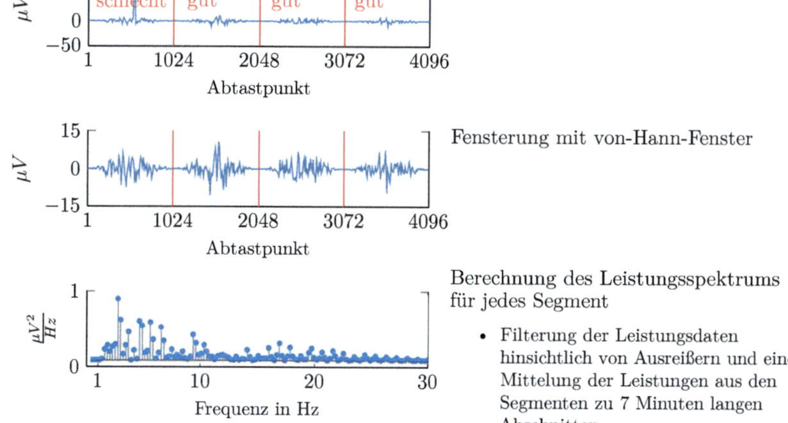

Abbildung 5.8: Ablaufschema der Berechnung der Leistungsspektren für Studie A

Die Länge eines spektral auszuwertenden EEG-Segments wurde mit 4 Sekunden festgelegt. Dies entspricht den Werten der Literatur aus Abschnitt 2.7.1. Es ergibt sich mit einer Abtastrate der EEG-Signale von 256 Hz eine Frequenzauflösung von 0,25 Hz. Die gemessene Spannung besitzt eine Auflösung von 12 bit. Ein Segment umfasst 1024 Datenpunkte. Da dies einer ganzzahligen Zweierpotenz entspricht, kann der FFT-Algorithmus angewendet werden. Zu Beginn der spektralen Datenauswertung werden die auszuwertenden Segmente für jeden Abschnitt bestimmt. Für eine Abschnittszeit von 7 Minuten ergeben sich maximal 105 Segmente. Die genaue Anzahl hängt von der Anzahl an guten, sprich auswertbaren und nicht mit Schlaf- oder sonstigen Artefakten verzerrten Segmenten ab. Sind weniger als 30 gute Segmente im Abschnitt auswertbar, wird der Abschnitt als nicht auswertbar gekennzeichnet. Anschließend werden die Segmente mit einem von-Hann-Fenster multipliziert. Dieses wird in der Literatur [160, 161] als Standard gesehen, da es einen guten Kompromiss aus Dämpfung der Nebenmaxima und der Breite der Hauptkeule bietet. Für die Erläuterung und den Einfluss der Fensterfunktion siehe auch Kapitel 2.7.4 sowie Abschnitt 5.2.3. Anschließend wird segmentweise mit der Matlab Funktion *fft* eine FFT durchgeführt und diese mit *fftshift* um die Frequenz Null zentriert. Durch eine Multiplikation der komplexen Ergebniswerte mit ihrem konjugiert komplexen Wert wird die Leistung im jeweiligen Frequenzabschnitt ermittelt.

Um die Daten zu filtern, werden für jede Frequenz die 10 kleinsten und 10 größten Werte der Leistung im Abschnitt entfernt sowie anschließend alle Leistungen, welche mehr als das 2,5-fache der Standardabweichung vom Mittelwert entfernt sind, gelöscht. Die verbliebenen Leistungen werden durch den Mittelwert zu einer Leistung im jeweiligen Frequenzband für diesen Abschnitt zusammengefasst.

Für jeden Probanden entsteht ein kompletter Verlauf der Leistungen im EEG über der Zeit. Dieser Verlauf wird durch die zu dem jeweiligen Abschnitt zugehörige Referenzleistung im Frequenzband geteilt (siehe hierzu Abbildung 5.5) und kann anschließend ausgewertet werden. Nach der Durchführung der Auswertung aller EEG-Daten, wurden die genutzten Parameter in ähnlicher Form in der Dissertation [162] bestätigt.

5.2.3 Einfluss der Fensterfunktion

Um den Einfluss der Fensterfunktion auf die Ergebnisse der Frequenzanalyse zu verifizieren, wurden die EEG-Daten mit den drei in Abbildung 2.24 vorgestellten Fensterfunktionen ausgewertet. Der weitere Vergleich nutzt nur den Frequenzanteil im Theta-Band für die Elektrode C3/A2. Für alle Probanden mit gültigen Messwerten werden drei Zeitpunkte während, sowie drei Zeitpunkte nach der Lichtexposition für die Lichtszenen Rot und Blau herangezogen. Die in Tabelle 5.3 angegebenen Werte beziehen sich auf den Absolutwert der Differenz zwischen den bei sonst gleichen Bedingungen mit den angegebenen Fensterfunktionen ausgewerteten EEG-Daten. Im Vergleich von Blackmann und von-Hann-Fenster

Tabelle 5.3: Einfluss der Fensterfunktion auf das Ergebnis der EEG-Auswertung

verglichene Fensterfunktionen	von-Hann / Blackmann	von-Hann / Hamming
Anzahl der Werte	803	803
Unterschiede kleiner 2 %	582	524
Unterschiede zwischen 2 und 5 %	200	128
Unterschiede zwischen 5 und 15 %	20	107
Unterschiede größer 15 %	1	44

liegen die Unterschiede bei mehr als 60 % der Messpunkte unterhalb von 2 %. Im Vergleich zwischen Hamming und von-Hann Fenster gibt es wesentlich mehr Datenpunkte, bei denen es zu Abweichungen größer als 15 % kommt. Dies ist auf den Amplitudengang des Hamming-Fensters zurückzuführen. Dieser erreicht an den Rändern des Fensters nicht

Null und es kommt zu Unstetigkeiten im Signal. Im weiteren Verlauf der Arbeit wird das von-Hann-Fenster aufgrund seiner häufigen Empfehlung in der Literatur als universell einsetzbar [160, 161] für die weiteren Auswertungen verwendet.

5.3 Studie B - Phasenverschiebung

Es werden nur die für die im Rahmen dieser Arbeit durchgeführten Datenauswertungen relevanten Eigenschaften der Studie benannt. Für weitere Ausführungen wird auf den Ethikantrag und das Studienprotokoll der Studie *„Vergleich der Phasenverschiebung zwischen Patienten mit einer Bipolaren Störung und gesunden Kontrollpersonen"* an der Klinik und Poliklinik für Psychiatrie und Psychotherapie am Universitätsklinikum Carl Gustav Carus an der Technischen Universität Dresden verwiesen.

5.3.1 Ziele und Hypothesen der Studie

Die Abschnitte 5.3.1 bis 5.3.6 sind in Teilen aus dem Ethikantrag der Studie vom 28.06.2016 entnommen. Es wird auf die Erläuterung von medizinischer Fachtermini mit geringer Relevanz für das grundsätzliche Verständnis der Zusammenhänge verzichtet.

Das Ziel der Studie ist der Vergleich der Verschiebung der endogenen Phase (Uhrzeit der inneren Uhr) durch Lichtexposition am Abend zwischen gesunden Personen und Patienten mit einer Bipolaren Störung. Die Phasenverschiebung wird aus dem Anstieg der Melatonin-Konzentration im Blut bestimmt.

Im Rahmen dieser Arbeit werden die im Studienverlauf erhobenen Messgrößen wie KSS-Werte, EEG-Daten, Herzfrequenz und Pupillengröße in ihrer Aussage bezüglich der nicht-visuellen Wirkung der Lichtexposition verglichen und hinsichtlich ihrer Eignung für die Charakterisierung selbiger beurteilt.

Hypothesen Bei Patienten mit einer Bipolaren Störung findet bei abendlicher Lichtexposition eine stärkere Phasenverschiebung im Vergleich zu gesunden Kontrollprobanden statt. Dies ist aus den Melatoninkonzentrationen und KSS-Werten ableitbar. Patienten mit einer großen zeitlichen Verschiebung der Phase sind während der Lichtexposition wacher. Dies ist aus den EEG-Werten, dem Pupillenunruheindex und der Herzfrequenz ableitbar.

5.3.2 Stand der Literatur

Die in Abschnitt 5.3.1 formulierte These basiert auf den schon in Studie A in Abschnitt 5.1.3 genannten Quellen. Soweit dem Autor bekannt, sind keine Studien zur Phasenverschiebung von Probanden mit einer Bipolaren Erkrankung durchgeführt worden. Für gesunde Probanden wurde eine Phasenverschiebung der inneren Uhr unter anderem in Quelle [163, 164] durchgeführt.

5.3.3 Ein- und Ausschlußkriterien

Einschlusskriterien

- Alter 21-55 Jahre

- euthyme (neutrale) Stimmungslage mit einem Wert auf der YMRS-*Young Mania Rating Scale* kleiner gleich 10 und der IDS-*Inventory of Depressive Symptomatology* 30 Skala kleiner gleich 13

- sprachliche und geistige Fähigkeit, die Studienanforderungen zu erfüllen

- Einwilligung in die Studie nach umfassender Aufklärung

spezifische Einschlusskriterien für Patientengruppe

- gesicherte Diagnose einer Bipolaren Störung Typ I nach DSM-*Diagnostic and Statistical Manual of Mental Disorders* V Kriterien

spezifische Einschlusskriterien für gesunde Kontrollprobanden

- keine psychiatrische Störung außer Anpassungsstörung in Vollremission

- keine Verwandten ersten oder zweiten Grades mit einer psychiatrischen Störung aus den Bereichen ICD-*Inventory of Depressive Symptomatology* 10 F2x.x, F3x.x oder F4x.x

Ausschlusskriterien (beide Gruppen)

- Abhängigkeit von illegalen Drogen oder Alkohol

- somatische Erkrankungen, die die Schlafqualität erheblich beeinflussen (Polyneuropathie, chronisches Schmerzsyndrom, Herzinsuffizienz etc.)

- Autoimmun- oder chronisch entzündliche Erkrankungen (Vaskulitis, Borreliose, Polyarthritis, etc.), neoplastische Erkrankungen und Diabetes mellitus

- Psychiatrische Diagnosen aus Bereichen ICD 10 F0x.x und F2x.x, Posttraumatische Belastungsstörung und emotional-instabile Persönlichkeitsstörung, sowie andere schwere Persönlichkeitsstörungen und psychiatrische Erkrankungen, die die Durchführbarkeit der Studie gefährden (Ausschluss per Durchführung eines strukturierten klinischen Interviews I + II durch einen Facharzt für Psychiatrie und Psychotherapie)

- Ophthalmologische Erkrankungen einschließlich Glaukom, Katarakt und Farbsinnstörungen, aber ohne unkomplizierte Myopie/Hyperopie (Ausschluss durch Tonometrie, Ishihara-Farbsinnprüfung, Spaltlampenuntersuchung)

- Medikation: Benzodiazepine, Zopiclon, Zolpidem, Melatonin, Pregabalin, Gabapentin, Beta-Blocker

- Schwangerschaft

- Schichtarbeit

- Reise mit Zeitverschiebung größer zwei Stunden in den letzten zwei Wochen

5.3.4 Zielgrößen und Studiendesign

Die Zielgrößen (abhängige Variablen) sind die zeitlich aufgelösten Werte von: Melatonin-konzentration aus dem Serum mit Doppelbestimmung durch ein Radioimmunassay von IBL International, EEG, Pupillengröße, Herzfrequenz und die KSS.

Es handelt sich um eine Querschnittsstudie über drei Abende, in welcher die Auswirkung einer abendlichen Licht-Applikation auf die Verschiebung der endogenen Phase untersucht werden soll. Die endogene Phase wird primär anhand des Zeitpunktes des abendlichen Melatonin-Anstiegs bestimmt. Verglichen werden Personen mit einer Bipolar-I-Störung mit gesunden Kontrollprobanden.

5.3.5 Studienablauf

Der Studienablauf umfasste eine Screening-Visite sowie drei aufeinander folgende Untersuchungsnächte. Die Studie wurde im Winterhalbjahr von Oktober 2016 bis April 2017 durchgeführt um eine annähernd gleiche Lichthistorie der Probanden am Tag zu gewährleisten.

Der Studienablauf ist in Abbildung 5.9 aufgezeigt.

▮ Blutentnahme, KSS-Wert-Abfrage	Versuchsnacht		
	1	2	3
Proband erscheint Fragebögen Standardmahlzeit Zugang für Blutentnahmen — 18:00 Uhr			
Licht gedimmt (10 Lux) EEG Messstart — 19:30 Uhr			
20:15 Uhr			
21:00 Uhr	Augenklappe	Augen geöffnet / Licht-exposition	Augenklappe
21:45 Uhr			
22:30 Uhr			
Ende Nacht Eins und Drei — 23:15 Uhr			
Ende Nacht Zwei — 23:30 Uhr			

Abbildung 5.9: Studienablauf Studie B

Screening Die zum Screening eingeladenen Probanden wurden ausführlich über die Studie aufgeklärt und nach deren Einwilligung auf Erfüllung der Einschlusskriterien überprüft. Die Verifizierung der Diagnose (Patienten) beziehungsweise der Ausschluss einer psychiatrischen Erkrankung erfolgt durch das SKID-1 Interview und anhand der Kriterien des DSM-V *Statistical Manual of Mental Disorders*.

Im Anschluss fand eine augenärztliche Untersuchung zur Überprüfung des Farbsehvermögens und zum Ausschluss eines Kataraktes statt. Der Augeninnendruck wurde über ein Tonometer bestimmt.

Die Probanden wurden aufgefordert, in den vier Tagen vor der ersten Untersuchungsnacht einen regelmäßigen Schlaf-Wach-Rhythmus mit mindestens 7 Stunden Schlaf pro Nacht und eine Aufstehens-Zeit nicht später als 7:30 Uhr einzuhalten. Am Untersuchungstag sollte keine

Kaffee- oder Alkoholaufnahme nach 13:00 Uhr stattfinden. Die letzte Nahrungsaufnahme
sollte ebenso vor 13:00 Uhr erfolgen.

Erste und dritte Untersuchungsnacht Die Probanden erschienen um 18:00 Uhr im Studienlabor und erhielten um 18:30 Uhr eine einheitliche vegetarische Mahlzeit. Um 19:00 Uhr
wurde ein peripherer Venenverweilkatheter gelegt. Die aktuelle Stimmung ist mittels der
Instrumente IDS30 und YMRS erhoben sowie der Tagesrhythmus mittels MEQ (Morning-
Evening-Questionnaire) bestimmt worden. Um 20:00 Uhr wurde das Zimmer abgedunkelt,
wobei die maximal zulässige Lichtintensität am Probandensitzplatz 10 Lux vertikal betrug.
Alle Probanden trugen ab diesem Zeitpunkt eine Augenmaske, um jegliche Lichtexposition
zu verhindern. Zu den Zeitpunkten der Blutentnahmen erfolgten regelmäßige Vigilanzkontrollen mittels der Karolinska Schläfrigkeitsskala. Während der Untersuchungsnacht
konnten die Probanden ein vorgegebenes Hörspiel hören, dies wurde von den meisten
genutzt. Die Blutentnahmen erfolgten um 19:30, 20:15, 21:00, 21:45, 22:30 und 23:15 Uhr
mit jeweils 1x 7,5 ml Serumröhrchen. Im Anschluss an die Blutentnahme um 23:15 Uhr ist
der venöse Zugang entfernt worden und die Probanden erhielten auf Wunsch die Möglichkeit
einer Heimfahrt per Taxi.

Zweite Untersuchungsnacht Die Probanden erschienen um 18:00 Uhr im Studienlabor
und erhielten um 18:30 Uhr eine einheitliche vegetarische Mahlzeit. Die aktuelle Stimmung
wurde mittels der Instrumente IDS30 und YMRS erhoben sowie der Tagesrhythmus mittels
Morning-Evening-Questionnaire (MEQ) bestimmt. Anschließend wurden die Kopfhaut-
Elektroden für die Ableitung des EEGs angelegt. Während der Untersuchungsnacht konnten
die Probanden ein vorgegebenes Hörspiel hören, dies wurde von den meisten genutzt. Um
20:00 Uhr ist das Zimmer abgedunkelt worden, wobei die maximal zulässige Lichtintensität
am Probandensitzplatz 10 Lux vertikal betrug. Die Probanden wurden aufgefordert aufrecht
zu sitzen und ihre Augen geöffnet zu lassen. Ab 21:15 wurden die Probanden vor den
Leuchten platziert und die Lichtexposition gestartet. Um 21:45, 22:15 und 22:45 Uhr ist
eine jeweils 5-minütige Pause, bei der sich die Probanden zurücklehnen konnten, eingelegt
worden. Die Lichtexposition wurde um 23:30 Uhr beendet und die Probanden erhielten auf
Wunsch die Möglichkeit einer Heimfahrt per Taxi.

5.3.6 Rekrutierung und Probandenzahlen

Über Aushänge sind gesunde Kontrollprobanden rekrutiert worden. Durch die Bipolar
Spezialsprechstunde der Institutsambulanz der Klinik und Poliklinik für Psychiatrie und
Psychotherapie am Carl Gustav Carus Universitätsklinikum Dresden und über weitere
Psychiatrische Institutsambulanzen der Kliniken mit Versorgungsauftrag im Raum Dresden
wurden Bipolar-I Patienten rekrutiert. Mithilfe der Screening-Untersuchung sind mög-
liche Probanden untersucht und nach umfassender Aufklärung über die Studie um ihr
Einverständnis zur Teilnahme gebeten worden. Die Probanden erhielten eine Aufwandsentschädigung von 150 €.

In Tabelle 5.4 sind die Probandenzahlen und Eigenschaften der Studienpopulation zusammengefasst.

41 Probanden der Studie A nahmen auch an der Studie B teil, davon 20 bipolar Erkrankte.

Tabelle 5.4: Probandenzahlen für die Studie B, n Bezeichnet die Anzahl der Probanden, $\overline{Alter}$ den Mittelwert ihres Alters und σ_{Alter} die Standardabweichung des Alters

		weiblich			männlich	
	n	n	$\overline{Alter}$	σ_{Alter}	n	$\overline{Alter}$	σ_{Alter}
Voruntersuchung	105	59	41,8	10,4	46	39	9,7
in Studie eingeschlossen	90	49	43,8	9,2	41	39,9	9,6
davon Bipolar-I	32	17	42,4	11,6	15	43,1	10,5
gesunde Probanden	58	32	44,6	7,8	26	38,1	8,8
Alle Messnächte absolviert	80	44	44,2	9,5	36	40,3	10
davon Bipolar-I	30	16	42,9	11,9	14	43,3	10,8
gesunde Probanden	50	28	45	8	22	38,4	9,2

5.3.7 Expositionsbedingungen

Die Lichtexposition findet mittels der in Abschnitt 3 beschriebenen Beleuchtungseinheiten statt.

In Vorversuchen ist an drei gesunden Probanden die für eine circadiane Phasenverschiebung benötigte Beleuchtungsstärke bestimmt worden. Die Helligkeitssteuerung der Beleuchtungseinheit wurde nicht genutzt. Die Beleuchtungsstärke am Auge der Probanden blieb über 2 Stunden konstant mit dem in Abbildung 5.10 gezeigten Spektrum. Für eine Beleuchtungsstärke von 50 Lux am Auge der Probanden ergab sich eine Verschiebung des Melatoninanstiegs im Mittel aus drei Probanden von ca. 10 Minuten. Der Versuch ist mit 200 Lux wiederholt worden. Es zeigte sich eine mittlere Phasenverschiebung von 25 Minuten. Um den Zielwert einer circadianen Phasenverschiebung von mindestens 45 Minuten an gesunden Probanden zu erreichen, wurde eine Beleuchtungsstärke am Auge des Probanden von ca. 600 Lux als Referenzwert festgelegt. Dies entspricht einer Leuchtdichte L_V von 191 cd m^{-2}. Die Umrechnung erfolgt über einen, für die genutzte Halbkugel gültigen, Raumwinkel von π [165].

Das Spektrum des Lichts für Studie B wurde aus zwei LEDs gemischt. Die blaue LED erzeugte einen Referenzbeleuchtungsstärkewert von 500 Lux (dies entspricht $1{,}18 \times 10^{15}$ Photonen s^{-1} cm^{-2}) am Auge des Probanden. Die weiße LED sorgt für ein angenehmeres Empfinden des Lichts und erzeugt zusätzlich 100 Lux (dies entspricht $1{,}2 \times 10^{14}$ Photonen s^{-1} cm^{-2}) am Auge. Die beiden Spektren überlagern sich zu einem summierten Beleuchtungsstärkewert von 600 Lux. Dies entspricht $1{,}3 \times 10^{15}$ Photonen s^{-1} cm^{-2}. Das Spektrum blieb konstant während der Exposition. Die Helligkeit ist an die jeweilige Pupillengröße angepasst worden.

Die beiden Einzelspektren der LEDs und das Summenspektrum sind in Abbildung 5.10 dargestellt.

Mit einem Spektroradiometer *Yeti Specbos 1211* sind für die in der Halbkugel eingestellte Referenzbeleuchtungsstärke folgende Werte gemessen worden: Beleuchtungsstärke $E_v = 611$ lx und Bestrahlungsstärke $E_e = 5{,}3$ W m^{-2}, der Vergleich mit dem Handmessgerät *Minilux* ergibt einen Wert von $E_v = 608$ lx . Die mit $c(\lambda)$ (siehe Abbildung 2.10) gewichtete melanopische Bestrahlungsstärke E_{eC} beträgt 4,4 W m^{-2}, der melanopische Wirkungsfaktor a_{CV} ist 4,9.

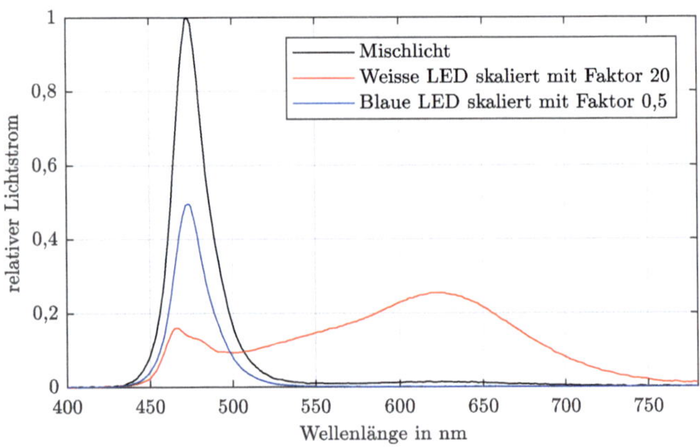

Abbildung 5.10: Spektrum des Lichts Studie B

Der spektrale Transmissionsgrad der Augenlinse sinkt durch Alterung im Mittel von ca. 0,57 bei einem Alter von 15 Jahren auf ca. 0,27 bei einem Alter von 75 Jahren für eine Wellenlänge von 480 nm ab [166, 167]. Dieser Effekt wurde nicht berücksichtigt, da die Transmissionswerte individuell sehr unterschiedlich sind und nicht über eine vom Alter abhängige Veränderung der Beleuchtungsstärke kompensiert werden können. Da die Pupillengröße unter gleicher Lichteinwirkung für jeden Probanden unterschiedlich ist, wird mithilfe der in Kapitel 3.6 vorgestellten pupillengrößenabhängigen Leuchtdichteregelung auf eine konstante Leuchtdichte an der Augenlinse des Probanden geregelt. Mit dieser Methode können eventuell vorhandene Medikamenteneffekte bei Bipolar-I Patienten auf die Pupillengröße ausgeglichen werden.

Um einen Bezugswert der Pupillengröße zu ermitteln, wurde mit den aus [168] übernommenen Gleichungen 5.4 und 5.5 eine mittlere Pupillengröße D_u von 2,33 mm für eine Leuchtdichte L_v von 191 cd m^{-2} und einem Durchschnittsalter y der Probanden von 42 Jahren berechnet ($L_v = 600\pi^{-1}$ cd m^{-2}; $a = 140$ Grad; $y_o = 28{,}58$). Die Gleichungen sind aus der Quelle übernommen und nicht einheitentreu.

$$DSD = 7{,}75 - 5{,}75 \left(\frac{\left(\frac{L_v a}{846} \right)^{0{,}41}}{\left(\frac{L_v a}{846} \right)^{0{,}41} + 2} \right) \tag{5.4}$$

$$D_u = DSD + (y - y_o)\,(0{,}021323 - 0{,}0095623\,DSD) \tag{5.5}$$

Um eine Berechnungen der Regelung im Mikrocontroller zu vereinfachen, wurde ein Bezugswert der Pupillengröße von 2,25 mm für die Referenzleuchtdichte angenommen. Dies entspricht einer Pupillenfläche von 4 mm^2. Die Struktur der Regelung ist in Abbildung 3.22 unter Abschnitt 3.6.1 zu finden. Die Lichtexposition startet mit dem Referenzwert und es erfolgt eine kontinuierliche Pupillengrößenmessung. Die Leuchtdichte wird dabei linear mit der Pupillenfläche nachgeführt, hat ein Proband eine Pupillengröße von 1,6 mm (Pupillenfläche=2 mm^2), verdoppelt sich die gesehene Leuchtdichte. Dieser Verlauf ist in Abbildung 5.11 dargestellt.

Dabei stellen die Werte von 1,6 mm und 5 mm mit den entsprechenden Leuchtdichten die Maximal- bzw. Minimalwerte dar. Ist die Pupille des Probanden kleiner als 1,6 mm wird

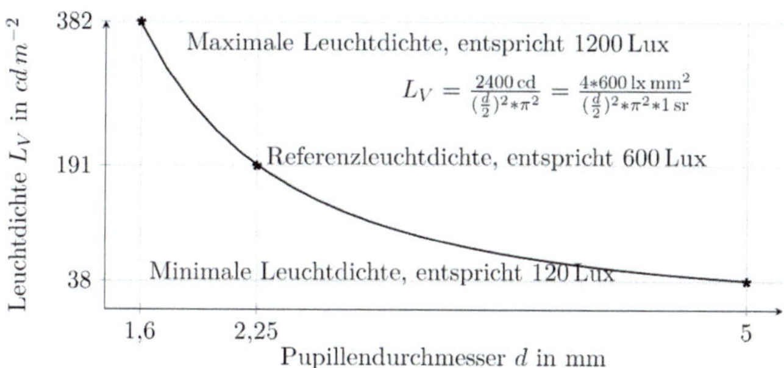

$$L_V = \frac{2400\,\mathrm{cd}}{(\frac{d}{2})^2 * \pi^2} = \frac{4 * 600\,\mathrm{lx\,mm}^2}{(\frac{d}{2})^2 * \pi^2 * 1\,\mathrm{sr}}$$

Abbildung 5.11: Leuchtdichtesollwerte der Halbkugel und deren Beleuchtungsstärkeäquivalent am Auge, Laborversuch B

die Leuchtdichte nicht über den Wert von $382\,\mathrm{cd\,m^{-2}}$ erhöht.

Nach dem Ende der Studie ergab sich ein Mittelwert der Pupillengröße über alle Probanden und der Expositionsdauer von 1,86 mm mit einer Standardabweichung von 0,27 mm. Dies entspricht einer mittleren Leuchtdichte von $281\,\mathrm{cd\,m^{-2}}$ für alle Probanden. In Abbildung 5.12 ist das Histogramm aller gemessenen durchschnittlichen Pupillendurchmesser zu sehen.

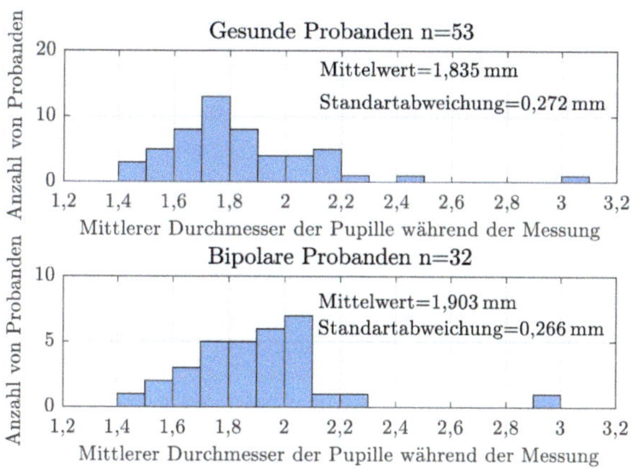

Abbildung 5.12: Histogramm für den mittleren Pupillendurchmesser der Probandengruppen während der Lichtexposition

Es zeigt sich für die gesunde und bipolare Probandengruppen ein Mittelwert der Pupillengröße von 1,9 mm bzw. 1,84 mm. Es besteht kein signifikanter Unterschied zwischen den beiden Gruppen mit t(83)=1,13; p=0,26.

5.3.8 Melatonin

Die in Untersuchungsnacht Eins und Drei abgenommenen Serumproben wurden jeweils im Anschluss an die Blutabnahme zentrifugiert, aliquotiert und bei -80 °C gelagert. Die

Melatoninkonzentration wurde aus dem Serum mit einer Doppelbestimmung durch ein Radioimmunassay von IBL International gemessen. Die Messwerte für einen Probanden sind beispielhaft in Abbildung 5.13 dargestellt.

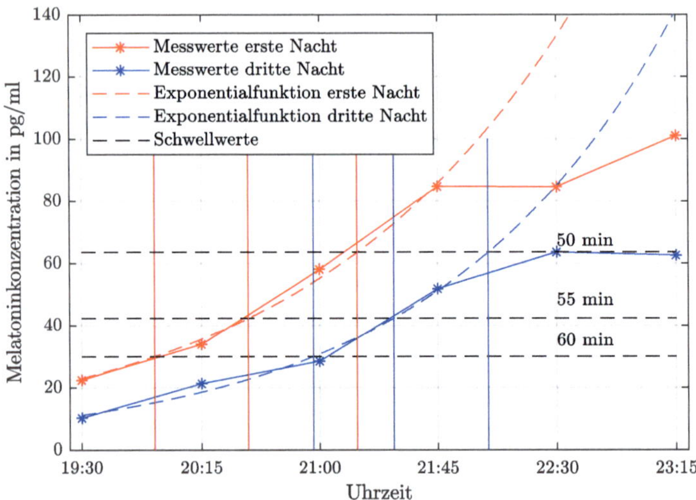

Abbildung 5.13: Messwerte der Melatoninkonzentrationen und daraus ermittelten Phasenverschiebung[12].

Da in den Messwerten viele Ausreißer zu finden sind, wird eine Exponentialfunktion in die Messpunkte gelegt. Der jeweilige relative Unterschied zwischen aufeinanderfolgenden Messzeitpunkten wird ermittelt und anschließend der Bereich des größten Anstiegs bestimmt. Dies ist nötig, da bei manchen Probanden der Melatoninspiegel erst ab dem dritten oder vierten Messpunkt anfängt zu steigen. Die jeweiligen 4 Messwerte, welche um den Zeitpunkt mit dem größten Anstieg liegen, werden für die Näherung durch eine Exponentialfunktion genutzt. Um den Einfluss der Position des Schwellwertes (ähnlich den KSS-Werten in Abschnitt 5.3.11) auf die Phasenverschiebung etwas zu reduzieren, werden drei unterschiedliche Schwellwerte verwendet. Die Schwellwerte betragen 25, 50 und 75 % des Messwertes um 21:45 Uhr (es wird der höhere Wert - erste oder dritte Nacht - verwendet). Die Schwellwerte werden auf Werte zwischen 30 und 100 pg ml^{-1} begrenzt, um zu hohe und zu niedrige Werte zu vermeiden. Die Differenz der Zeitpunkte, zu denen die Exponentialfunktionen die Schwellwerte schneiden, bestimmen die Phasenverschiebungswerte des Probanden. Aus den drei ermittelten Messwerten wird mittels Median ein Wert für den jeweiligen Probanden gebildet. Da einige Probanden eine negative Phasenverschiebung aufweisen und dies bei einer Einhaltung des Studienprotokolls nicht auftreten sollte, wurde für diese Probanden eine Protokollverletzung angenommen. Alle Phasenverschiebungen kleiner als -10 Minuten, werden nicht mit in die Auswertung einbezogen. Dieses Vorgehen wurde in Abstimmung mit [169] entworfen.

---

[12]Werte für die Untersuchungsnächte Eins und Drei am Probanden 45ZH41. Die Messwerte sind für eine bessere Lesbarkeit mit Linien verbunden.

5.3.9 Pupillenunruheindex

Für den Pupillenunruheindex wurden die Pupillengrößenmesswerte der Kameras in den Beleuchtungseinheiten genutzt. Die Erfassung der Werte wird in Kapitel 3.6 beschrieben. Die Messung der Pupillengröße startete mit dem Beginn der Lichtexposition in Untersuchungsnacht Zwei um 21:15 Uhr und endete um 23:30 Uhr. Die Probanden machten um ca. 21:45, 22:15 und 22:45 Uhr eine Pause von jeweils 5 Minuten. In diesen Pausen entfernten sie den Kopf von der Beleuchtungseinheit, die Messung der Pupillengröße wurde dabei pausiert. Die Erfassung der Pupillengröße erfolgt mit einer Wiederholrate von 30 Hz. Die Anzahl der Messwerte im Laufe der Lichtexposition ist sehr unterschiedlich zwischen den Probanden. Durch Lidschlüsse, große Müdigkeit der Probanden, ungünstige Kopfhaltung und eine ungünstige Wimpernposition kann es zu fehlenden Messwerten kommen. In Abbildung 5.14 ist das Histogramm für die Verteilung der gültigen Messzeit aufgezeigt. Gültig ist der Messwert, wenn eine Pupillengröße bestimmt werden kann. Jeder gültige Messwert wird mit 1/30 Sekunden eingerechnet. Im Mittel können von allen Probanden 47 Minuten Messdaten ausgewertet werden.

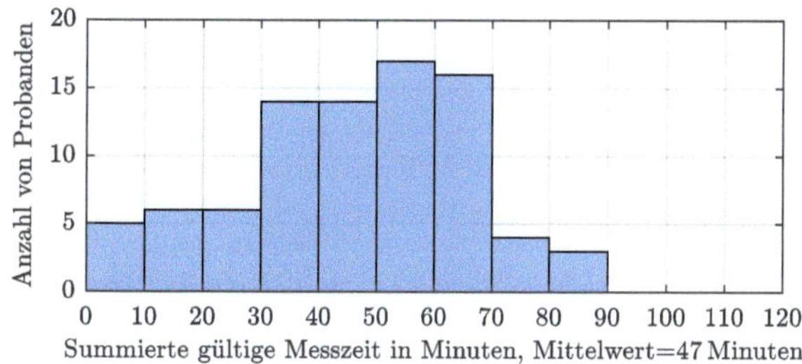

Abbildung 5.14: Histogramm für die Zeitdauer gültiger Messwerte während der Pupillenmessung. Jeder gültige Messwert wird mit 1/30 Sekunden eingerechnet.

Die Messdaten werden für jeden Probanden von Ausreißern bereinigt. Dabei gelten alle Pupillendurchmesser größer 5 mm und kleiner als 1,2 mm als nicht gültig. Zusätzlich werden alle Messwerte, bei denen der Vorgängermesswert zum aktuellen Wert eine Differenz von mehr als 0,1 mm aufweist, gelöscht. Dies filtert plötzlich auftretende Sprünge, welche den PUI verfälschen. Diese Sprünge können durch einen Detektionsfehler der Pupillenerkennungssoftware auftreten. Beispielsweise werden besonders dunkle Wimpern als eine Pupille erkannt. Die Zeit während der Lichtexposition wird in Segmente von 1 Minute Länge unterteilt. Um den PUI zu berechnen, werden die Messdaten anhand ihrer Zeitstempel in das jeweilige Segment zugeordnet. In einer ersten Variante wurden nur direkt aufeinanderfolgende Messwerte in Messwertgruppen mit einer Mindestanzahl von Messwerten für die Auswertung zugelassen. Dieser Algorithmus ist aufgrund der hohen Anzahl von fehlenden Messwerten nicht für diese Auswertung geeignet und wurde verworfen. In der verwendeten Auswertung werden alle gültigen Messwerte innerhalb eines Segmentes behandelt, als würden diese direkt aufeinanderfolgen. Für jedes 1 Minute Segment werden in den zugeordneten Daten die größten sowie kleinsten 10 Pupillenmesswerte verworfen. Der Berechnungsvorschrift des PUI folgend, erfolgte nun die Mittelwertbildung für jeweils 16 Messwerte. Sind im 1 Minute Segment mindestens 20 Mittelwerte verblieben (dies entspricht ca. 11 Sekunden gültiger Rohdaten), konnte der PUI, bezogen auf die jeweilige Mittelwertanzahl und damit Messzeit, berechnet werden.

5.3.10 Herzfrequenz

Während der zweiten Untersuchungsnacht wird mittels eines *SOMNOtouch NIBP* Gerätes
ein Elektrokardiogramm mit zwei Klebeelektroden auf der Brust der Probanden und einer
Abtastrate von 256 Hz aufgezeichnet. Die Daten wurden im Gerät gespeichert und nach
der Untersuchungsnacht auf einen PC übertragen. Um aus dem EKG die Herzfrequenz zu
extrahieren, werden die zeitlichen Positionen der R-Zacken in Bezug zur Startzeit des EKGs
ermittelt. Dies wurde durch eine QRS(Gruppe von Ausschlägen im Elektrokardiogramm)-
Komplex-Detektion aus [170] durchgeführt. Das *matlab* Skript mit der Implementierung des
Detektionsalgorithmus wurde von Hooman Sedghamiz geschrieben und gibt die zeitlichen
Positionen der R-Zacke als Rückgabewert. Durch die zeitlichen Abstände der R-Zacken
kann die aktuelle Herzfrequenz berechnet werden. Wichtig ist eine vorherige Filterung der
Zeitreihe, um Anomalien wie zusätzliche Herzschläge (Extrasystolen) und Messfehler aus
der Zeitreihe zu entfernen. Dies geschieht durch ein Skript von Sebastian Zaunseder [102],
welches Abweichungen zwischen den Abständen der R-Zacken von mehr als 20 % zum Vor-
gänger detektiert und diese als Artefakte aus der Zeitreihe entfernt. Die Herzfrequenz wird
für jeden Probanden während der Untersuchungszeit über jeweils eine Minute gemittelt. Es
entsteht für jeden Probanden ein Zeitverlauf der Herzfrequenz für den auszuwertenden Zeitbereich während der Lichtexposition in der zweiten Untersuchungsnacht von 180 Minuten.
Die Zeitachse wird dabei auf den Beginn der Lichtexposition referenziert, „Licht an" ist
bei Minute Null und die Auswertung der Daten startet bei Minute -60. Die Messung endet
bei Minute 120. Der Bereich vor „Licht an" dient als Referenzbereich, in dem alle Probanden ruhig auf dem Relaxsessel sitzen. Betrachtet man die Mittelwerte der Herzfrequenz
beider Gruppen vor „Licht an", so liegt die Ruhefrequenz der gesunden Probanden bei
rund 70 BPM (Beats per Minute) mit einer Standardabweichung von 9,4 BPM und die
Ruhefrequenz der bipolaren Probanden bei rund 76 BPM mit einer Standardabweichung
von 12,1 BPM. Der Unterschied ist signifikant mit t(75)=2,37; p=0,02.

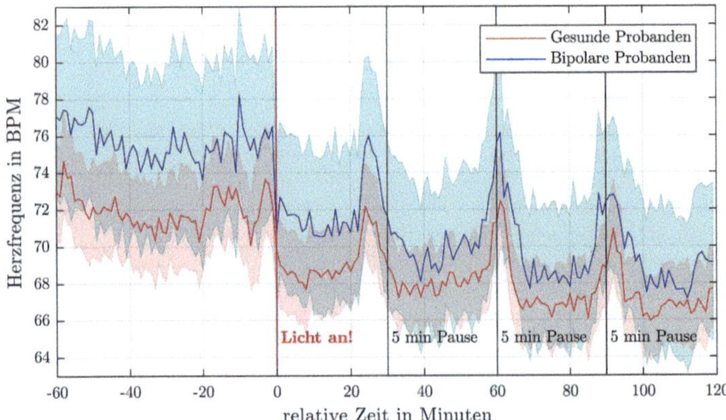

Abbildung 5.15: Zeitverlauf der mittleren Herzfrequenz für beide Probandengruppen mit 95%
Konfidenzintervall

Um sinnvoll den Einfluss der Lichtexposition auf beide Gruppen untersuchen zu können,
wird die Herzfrequenz für jeden Probanden auf den eigenen mittleren Ruhepuls während
der Referenzzeit vor der Lichtexposition von -50 bis -30 Minuten normiert. Für die Werte
der SDNN wird ebenso verfahren. Während der Pausen nach 30, 60 und 90 Minuten

konnten sich die Probanden für 5 Minuten zurücklehnen und bewegen. Um die statistische
Auswertung des Zeitverlaufes durchzuführen, werden drei 15 minütige Sektoren während
der Lichtexposition nach 35, 65 und 95 Minuten gewählt. Diese Sektoren liegen zwischen
den Pausen und werden nicht von Bewegungen beeinflusst.

5.3.11 KSS

Die in 2.6.4 beschriebene KSS wurde in Studie B von allen Probanden in allen aufeinanderfolgenden Untersuchungsnächten um jeweils 19:30, 20:15, 21:00, 21:45, 22:30 und 23:15 Uhr
erhoben. Allen Probanden wurde gegen 18 Uhr die KSS anhand der Grafik aus Abbildung
5.3 vorgestellt und sie konnten diese bis 19:30 Uhr beliebig oft betrachten. Der Studienablauf
ist in Abbildung 5.9 dargestellt. Aus den KSS-Werten von Untersuchungsnacht Eins und
Drei lässt sich evtl. auf eine Phasenverschiebung rückschließen.

In Untersuchungsnacht Eins und Drei sitzen die Probanden mit einer Augenklappe ruhig
in einem Sessel und hören ein Hörbuch. Um die Daten zu filtern werden alle Werte, welche
nicht größer oder gleich dem vorherigen KSS-Zeitwert sind, gelöscht. Es wird hierbei von
einem stetigen Anstieg der Müdigkeit ausgegangen. Nach der Trennung in eine gesunde
und bipolare Probandengruppe, werden die Wertegruppen für jeden Zeitpunkt gefiltert.
Dabei werden alle Werte, welche mehr als zwei Standardabweichungen vom Mittelwert
entfernt sind, gelöscht.

Die Mittelwerte der Gruppen sowie Untersuchungsnächte werden durch eine Gerade mit
polyfit() unter *Matlab* angenähert. Aus diesen angenäherten Geraden kann die zeitliche
Verschiebung des Müdigkeitsanstieges von Untersuchungsnacht Eins und Drei für die
Probandengruppen bestimmt werden, dies ist in Abbildung 5.16 dargestellt.

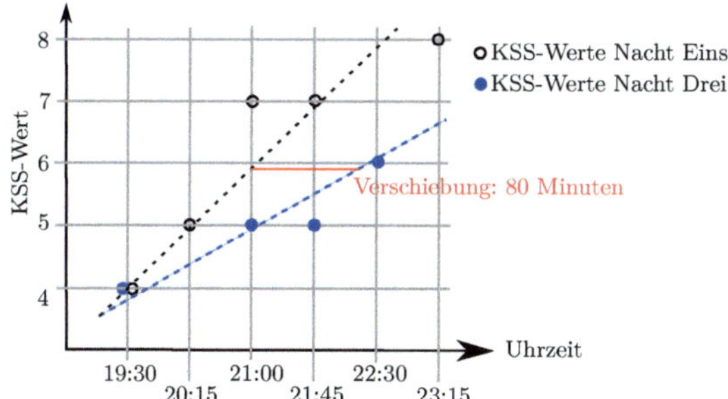

Abbildung 5.16: Skizze für die Ermittlung der Verschiebung des Anstiegs der Müdigkeit im
KSS-Wert

Entscheidenden Einfluss für den Wert der Verschiebung hat die Auswahl des Bezugszeit-
punktes in Untersuchungsnacht Eins, da die aus den Mittelwerten angenäherten Geraden
einen unterschiedlichen Anstieg aufweisen. Um im mittleren Bereich der Messzeit zu bleiben,
wurde der Bezugszeitpunkt 21:00 Uhr gewählt. Wird für jeden Probanden eine individuelle
Verschiebung des Müdigkeitsanstieges errechnet, ergeben sich aufgrund der sehr großen
Streuung der KSS-Werte keine sinnvoll auswertbaren Werte. Die Verschiebung kann nur
aus dem Mittelwert der KSS-Werte bestimmt werden. Um dennoch Gruppenunterschiede
und eine statistische Auswertung durchführen zu können, wurde die Differenz im KSS-Wert
zum gleichen Zeitpunkt in Untersuchungsnacht Eins und Drei errechnet. Mit diesen Werten

kann ein statistisches Modell gebildet, jedoch keine Aussage über den Absolutwert der Phasenverschiebung gemacht werden.

5.4 EEG aus Studie B

Im Folgenden wird die in 4.1 und 4.2 aufgestellte Systematik auf die Studie B angewendet.

5.4.1 Datenaufbereitung Studie B

Die Aufzeichnung der EEG-Signale in Studie B erfolgt von 20 bis 23:30 Uhr, die Probanden sitzen dabei mit offenen Augen in einem Sessel. Während der Lichtexposition von 21:15 Uhr bis 23:30 Uhr sitzen die Probanden aufrecht und schauen in die Beleuchtungseinheit. Mit dem Einschalten der Lichtexposition wird ein „Licht An" Marker im EEG gesetzt. Dieser dient als zeitlicher Bezugspunkt für alle weiteren Auswertungen. Die Zeit vor der Lichtexposition dient als Referenzabschnitt. Um ca. 21:45, 22:15 und 22:45 Uhr wurden kurze Pausen bei der Lichtexposition gemacht, diese sind in den Auswertungen markiert.

Um eine Vergleichbarkeit mit der Auswertung des Pupillenunruheindex, bei dem eine Datenmittelung über jeweils 5 Minuten erfolgt, zu vereinfachen, wurde für die Studie B ebenfalls die Zeitdauer eines EEG-Auswerteabschnitts von 5 Minuten gewählt. Die Einteilung der Abschnitte ist in Abbildung 5.17 zu sehen.

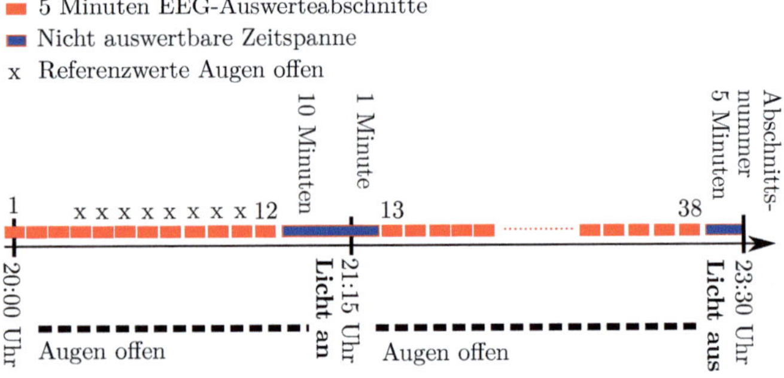

Abbildung 5.17: Einteilung der EEG-Auswerteabschnitte für die Studie B

Die grundsätzliche Vorgehensweise der Datenaufbereitung erfolgte analog zu Studie A in Kapitel 5.2.1. Im Folgenden sind die verwendeten Parameter aufgelistet:

- Die Abtastrate der EEG-Geräte *Somnotouch* von *Somnomedics* betrug 256 Hz, es wird eine Segmentgröße von 4 Sekunden mit jeweils 1024 Datenpunkten verwendet.

- Es wurde eine Ableitung von C3, O1, F3 sowie A2 referenziert zu Cz vorgenommen. Die Referenzierung zu Cz ist von der Herstellerfirma des EEG-Gerätes standardmäßig vorgenommen worden. Durch eine Subtraktion der Signale (Beispiel C3/Cz -A2/Cz) wird die Ableitung auf die A2 Referenzelektrode umgerechnet.

- Die im *Somnotouch-Gerät* aufgezeichneten Daten werden in die *Domino Light* Software von *Somnomedics* übertragen. In dieser Software wurde eine erste Begutachtung der Aufzeichnungen durchgeführt und evtl. fehlende Marker nachträglich gesetzt.

- Es wurde ein Nullphasen vierte Ordnung Butterworth-Hochpassfilter auf jedes EEG mit einer Grenzfrequenz von 0,1 Hz angewendet, um einen eventuell vorhandenen Gleichanteil zu entfernen.

- Es wurde die in Abschnitt 2.7.7 beschriebene Artefakterkennung mit einem festen Schwellwert von 80 µV genutzt. Die Schwellwertfilterung nutzt eine Fenstergröße von 50 Segmenten mit einer Länge von 4 Sekunden, dabei wird eine maximale Abweichung der Amplituden von der zweieinhalbfachen Standardabweichung als obere Grenze genutzt.

- Nach der Klassifikation der Segmente in nutzbar („gut") und nicht nutzbar („schlecht"), wurden die Daten mit einem Nullphasen vierte Ordnung Butterworth-Bandpassfilter mit den Grenzfrequenzen 0,1 und 40 Hz bandbegrenzt.

5.4.2 Spektrale Datenauswertung

Die spektrale Datenauswertung für die Studie B erfolgt analog zur spektralen Auswertung der Daten in Studie A. Die Vorgehensweise wird in Kapitel 5.2.2 erläutert. Die verwendeten Parameter in Studie B sind:

- Für die spektral auszuwertenden Segmente wurde eine Länge von 4 Sekunden festgelegt, bei einer Abtastrate der EEG-Signale von 256 Hz ergibt sich für 1024 Datenpunkte eine Frequenzauflösung von 0,25 Hz.

- Für eine Abschnittslänge von 5 Minuten ergeben sich maximal 75 Segmente pro Abschnitt. Die genaue Anzahl hängt von der Anzahl an guten, sprich auswertbaren und nicht mit Artefakten verzerrten, Segmenten ab. Sind weniger als 25 gute Segmente im Abschnitt auswertbar, wird der Abschnitt als nicht auswertbar gekennzeichnet.

- Die Fensterung erfolgt mit einem von Hann-Fenster.

- Für die Filterung der Spektraldaten werden für jede Frequenz die 7 kleinsten und 7 größten Werte der Leistung im Abschnitt entfernt sowie anschließend alle Leistungen, welche mehr als das dreifache der Standardabweichung vom Mittelwert entfernt sind, gelöscht. Die verbliebenen Leistungen werden durch den Mittelwert zu einer Leistung im jeweiligen Frequenzband für diesen Abschnitt zusammengefasst.

- Für jeden Probanden entsteht ein kompletter Verlauf der Leistungen im EEG über der Zeit. Dieser Verlauf wird durch die Referenzleistung im Frequenzband geteilt (siehe hierzu Abbildung 5.17) und kann anschließend ausgewertet werden.

5.4.3 Nutzung einer individuellen Alpha-Frequenz

Für die Studie B werden für jeden Probanden zwei individuelle Alpha-Frequenzen (IAF) bestimmt, ein Wert vor und ein Wert während der Lichtexposition. Um die IAF zu ermitteln, wird für jeden Probanden mit der *Matlab* Funktion *findpeaks()* die Frequenz des Amplitudenmaximums im gemittelten Spektrum jeder 5-Minuten Periode für alle Elektrodenpaarungen bestimmt und jeweils ein Mittelwert vor und während der Lichtexposition gebildet. Dieser Mittelwert wird als IAF für jeden Probanden als Bezugsfrequenz genutzt, dabei beträgt der Unterschied vor und während der Lichtexposition maximal rund 0,5 Hz. Beispielhaft sind die Spektren für zwei Probanden in Abbildung 5.18 dargestellt. Alle ermittelten IAF wurden visuell auf Fehler überprüft. Für Probanden, bei denen keine automatisierte Bestimmung der IAF möglich war und durch visuelle Inspektion der Spektren auch keine eindeutige IAF bestimmt werden konnte, gilt eine IAF von 10 Hz. Dies entspricht der Bezugsfrequenz der Auswertung ohne individuelle Frequenzbänder. Siehe dazu Abbildung 2.21.

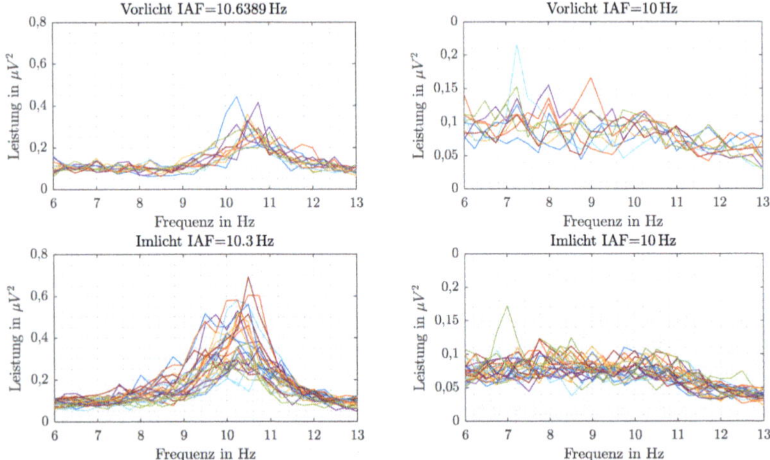

(a) Proband 65RT24, die IAF ist gut ausgeprägt   (b) Proband 54ZU52, die IAF ist nicht ausgeprägt

Abbildung 5.18: Spektren aller auswertbaren 5-Minuten Perioden für einen Probanden vor und während der Lichtexposition. Die IAF wird für jeden Abschnitt durch den Mittelwert der Frequenz des Maximums der Leistung im Spektrum festgelegt. Ist kein Maximum erkennbar, so wird die IAF auf 10 Hz festgelegt. Elektroden O1-A2

5.4.4 Verifizierung der Datenaufbereitung und Datenauswertung

Um die Vorgehensweise bei der Datenaufbereitung und Datenauswertung in den Studien zu überprüfen und Berechnungsfehler zu vermeiden, wurden in *Matlab* EEG-Testdatensätze für die Studie B erstellt. Diese bestehen aus zwei addierten Sinusschwingungen mit wechselnder Frequenz und Amplitude sowie einem zusätzlichen zufälligen Artefaktterm $Ar(t)$. Dieser wird auf jeden Datenpunkt per Zufallswert aufaddiert und beträgt maximal 20% der Amplitude im Abschnitt. Die erzeugten EEG Daten berechnen sich nach Gleichung 5.6 und 5.7. Es werden Daten für vier Testdatenabschnitte erzeugt, die dazugehörigen Parameter sind in Tabelle notiert.

$$f_{\mathrm{G}}(t) = Ar(t) + A_{G1}\sin(2\,\pi\,f_{G1}\,t) + A_{G2}\sin(2\,\pi\,f_{G2}\,t) \tag{5.6}$$

$$f_{\mathrm{BP}}(t) = Ar(t) + A_{BP1}\sin(2\,\pi\,f_{BP1}\,t) + A_{BP2}\sin(2\,\pi\,f_{BP2}\,t) \tag{5.7}$$

Der „Licht An" -Marker und damit der Zeitbezug (Zeitpunkt Null in Abbildung 5.19) wird zu Beginn von Testdatenzeitabschnitt drei gesetzt. Für die gesunden Probanden und das Alpha-Frequenzband (10 Hz Anteil im Testdatensatz) berechnet sich der Referenzwert zu

Abschnitt, Dauer	Werte gesunde Probanden				Werte bipolare Probanden			
	f_{G1}	f_{G2}	A_{G1}	A_{G2}	f_{BP1}	f_{BP2}	A_{BP1}	A_{BP2}
1, 30 Minuten	6 Hz	10 Hz	10 mV	20 mV	6 Hz	10 Hz	10 mV	20 mV
2, 30 Minuten	6 Hz	10 Hz	4 mV	22 mV	6 Hz	10 Hz	8 mV	18 mV
3, 30 Minuten	6 Hz	10 Hz	20 mV	10 mV	6 Hz	10 Hz	20 mV	10 mV
4, 90 Minuten	6 Hz	10 Hz	15 mV	8 mV	6 Hz	10 Hz	30 mV	7 mV

$(5 \cdot (20\,\text{mV})^2 + 3 \cdot (22\,\text{mV})^2)/8 = 431{,}5\,\text{mV}^2$. Fünf Referenzwerte liegen dabei in Testdatenzeitabschnitt eins, drei in Zeitabschnitt zwei. Im Abschnitt drei sinkt die Amplitude auf 10 mV und damit die Leistung auf $100\,\text{mV}^2$ ab, dies entspricht 23,1 % des Referenzwertes. In der durch den Auswertealgorithmus berechneten Abbildung 5.19 wird dieser Wert ebenfalls angezeigt. Die leichten Schwankungen entstehen durch den zusätzlichen zufälligen Artefaktterm $Ar(t)$.

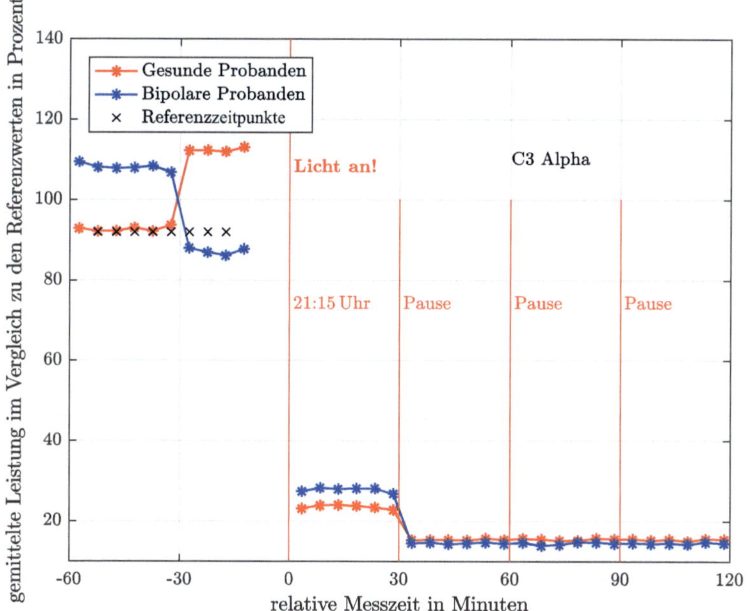

Abbildung 5.19: Ergebnisse für den Testdatensatz im Alpha-Band für die Elektrode C3

Die Ergebnisse des Auswertealgorithmus für das Theta-Frequenzband stimmen ebenfalls mit den aus den Parametern des Testsignals berechneten Werten überein.

5.5 Statistische Auswertung der Daten

Die statistische Auswertung basiert auf den Methoden aus [171–173] und wurde zusätzlich durch [174–176] inhaltlich unterstützt. Alle Auswertungen wurden mit Software R [177] unter Nutzung der Pakete *lm* und *lme*, soweit nicht anders angegeben, durchgeführt.

Für Studie A wird die Auswertung der Gruppenunterschiede zwischen bipolaren und gesunden Probanden sowie hinsichtlich der unterschiedlichen Lichtspektren für die KSS-Werte, die EEG-Frequenzbänder und die Melatoninmesswerte durchgeführt. Für Studie B werden zusätzlich die Pupillenunruhe und die Herzfrequenz betrachtet.

In der Studie A wurden Probanden mit der unabhängigen Variable Gruppe (gesund/bipolar) in ihrer Reaktion auf die messwiederholte, unabhängige, nominale Größe Lichtspektrum (Farbe, schwarz/rot/blau) untersucht. Das Ziel der Studie ist ein Vergleich von gemessenen Werten zwischen bipolaren und gesunden Probanden sowie zwischen den unterschiedlichen Lichtspektren. Die einfachste Form ist ein Mittelwertvergleich, der mithilfe eines T-Tests durchgeführt werden kann. Dieser eignet sich jedoch nicht für Datensätze mit Messwiederholungen und Kovariablen. Eine mehrfaktorielle Varianzanalyse (lineares Modell) kann dies abbilden. Hierfür ist es wichtig, dass alle Probanden gültige Messwerte an allen Messpunkten (alle Zeitpunkte bei unterschiedlichen Spektren schwarz/rot/blau) aufweisen, da schon bei einem fehlenden Wert der Datensatz für den Probanden nicht in die Modellierung einbezogen werden kann. Das sich ergebende statistische Modell verliert an Genauigkeit und Aussagekraft. Laut [176] gilt diese Limitation allerdings nicht für die Nutzung der *lm* Funktion in R im Gegensatz zu der älteren *ezANOVA* Variante. Eine weitere Möglichkeit bieten lineare gemischte Modelle. Diese interpolieren fehlende Datenpunkte in einem Datensatz.

Im Folgenden wird auf die verwendeten Modellgleichungen eingegangen.

Ein lineares Modell, welches in der Varianzanalyse genutzt wird, ist im einfachsten Fall abgebildet durch:

$$Y_i = b_0 + b_1 X_{1i} + \epsilon_i \tag{5.8}$$

Mit:

- Y_i = abhängige Variable

- b_0 = Schnittpunkt mit der y-Achse (als Intercept bezeichnet)

- b_1 = ermittelter Anstieg der Geraden für den jeweiligen Parameter

- X_{1i} = unabhängiger Wert des Probanden

- ϵ_i = Fehler zur Regressionsgeraden.

Bei einer Regression wie dieser sind die b Werte durch die Schätzung aus den Daten festgelegt .

Für ein lineares gemischtes Modell gilt dies nicht, es kann unterschiedliche Schnittpunkte mit der y-Achse (b_0) und Anstiege (b_1) besitzen. Die Gleichung für ein Modell mit zufälligen Schnittpunkten lautet:

$$Y_{ij} = (b_0 + u_{0j}) + b_1 X_{ij} + \epsilon_{ij} \tag{5.9}$$

Dabei repräsentiert i weiter den jeweiligen Fall (Proband) und j den Parameter, über den der Intercept variiert. Für Studie A kann j beispielsweise die unterschiedlichen Lichtfarben repräsentieren. Zusätzlich besteht die Möglichkeit auch variierende (oft als *zufällig* bezeichnet) Anstiege der Geraden in das Modell einzubringen. Es ergibt sich die Struktur:

$$Y_{ij} = (b_0 + u_{0j}) + (b_1 + u_{1j}) X_{ij} + \epsilon_{ij} \tag{5.10}$$

Fasst man $b_0 + u_{0j} = b_{0j}$ und $b_1 + u_{1j} = b_{1j}$ zusammen, ergibt sich mit b_{0j} und b_{1j} ein über einen Parameter j (beispielweise Lichtfarbe) variabler Intercept sowie Anstieg der Regressionsgeraden. Für weitere Ausführungen sei auf [171] verwiesen. In Abbildung 5.20 sind verschiedene Modellierungsvarianten für die Studie A grafisch dargestellt und im Folgenden erläutert. Für alle Varianten erfolgt die Notation nach Wilkinson [178]. Beispiele:

- $Y \sim UV_1 + UV_2$
  Die abhängige Variable Y wird durch die unabhängigen Variablen UV_1 und UV_2 bestimmt.

- $Y \sim UV_1 * UV_2$ entspricht $Y \sim UV_1 + UV_2 + UV_1 * UV_2$
  Die abhängige Variable Y wird durch die unabhängigen Variablen UV_1 und UV_2 sowie einem Mischterm $UV_1 * UV_2$ bestimmt.

- $Y \sim UV_1 + UV_2 + (1|\text{Faktor})$
  Es wird zusätzlich ein zufälliger Intercept für jede Ausprägung des Faktors genutzt.

Zur Vereinfachung wird für die folgenden Erklärungen nur ein Messzeitpunkt (beispielsweise 23:30 Uhr) genutzt, die verschiedenen Messzeitpunkte können analog der messwiederholten Variable *Farbe* behandelt werden. Zusätzlich zur Variable *Gruppe* können weitere unabhängige Variablen wie *Geschlecht*, *Alter* und *Chronotyp* ins Modell eingebracht werden. Dies erfolgt im Rahmen dieser Arbeit jedoch nicht.

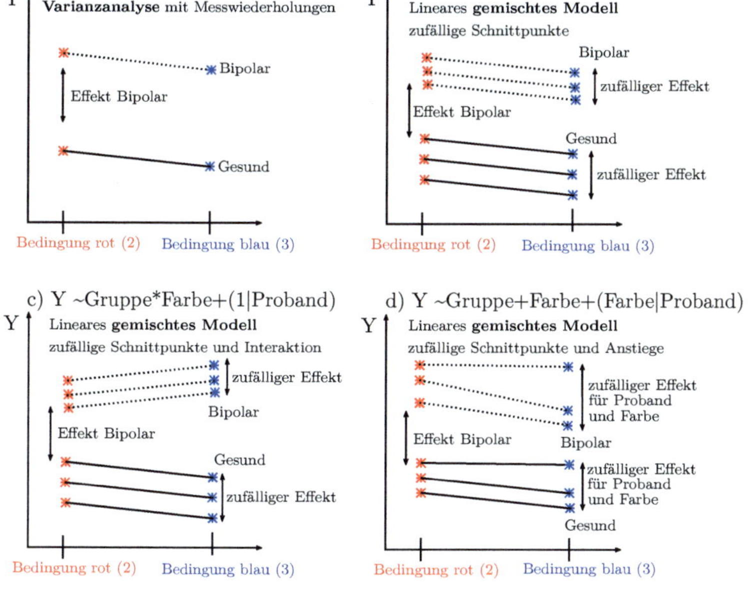

Abbildung 5.20: Varianten für die statistischen Modelle der Studien mit Y als abhängiger Variable (Messgröße)

Im Detail:

- a) **Y ~Gruppe+Farbe**
  Messwiederholte Varianzanalyse ohne Interaktionen zwischen den Kovariablen.

- b) **Y ~Gruppe+Farbe+(1|Proband)**
  Modell mit zufälligen Schnittpunkten, es wird angenommen, dass der Unterschied zwischen rot und blau bei allen Probanden gleich ist, deshalb sind die Geraden parallel. Der zufällige Effekt steckt in der unterschiedlichen Höhe der Geraden. Der Effekt der Farbe ist für alle Probanden gleich.

- c) **Y ~Gruppe*Farbe+(1|Proband)**
  wie Modell b) mit zusätzlicher Interaktion, der Effekt der Farbe unterscheidet sich zwischen gesund/bipolar, ist aber innerhalb der Gruppen gleich.

- d) **Y ~Gruppe+Farbe+(Farbe|Proband)**
  Modell mit zufälligen Schnittpunkten und Anstiegen, der Unterschied zwischen rot und blau ist individuell unterschiedlich für alle Probanden, die Anstiege der Geraden unterscheiden sich.

In der Auswertung wird ein Ablauf, wie in [171] vorgeschlagen, genutzt. Die Analyse beginnt mit einem einfachen Modell wie in Abbildung 5.20a). Dieses wird mit einem komplexeren Modell b) mittels des *likelihood-ratio-test* verglichen. Ist der Signifikanzwert p des Vergleiches kleiner als 0,05, so besitzt die Interaktion in b) gegenüber a) eine Mehrinformation und das komplexere Modell b) sollte genutzt werden. Anschließend wird das Modell weiter zu c) erweitert und erneut gegen das weniger komplexe b) getestet. Ziel ist es, das Modell nur so komplex wie nötig zu konstruieren und nur Variablen mit einem signifikanten Einfluss auf das Ergebnis zuzulassen.

Die Ergebnisse der Analysen werden als komplette Datenausgabe von R, oder verkürzt wie in [171] gefordert, angeben. Dabei wird die Notation:

- $t(\mathrm{DF})$ = Wert der t-Statistik

- mit p = Signifikanzwert und

- DF (<u>D</u>egrees of <u>F</u>reedom, Anzahl der Freiheitsgrade) als die Anzahl der unabhängigen Beobachtungen

verwendet. Der Wert der t-Statistik ergibt sich aus dem Schätzwert dividiert durch den Standardfehler. Um die konkreten Gruppenunterschiede zu dokumentieren, werden weitere Vergleiche, sogenannte post-hoc-Tests, durchgeführt. Hierfür wird die Funktion *lsmeans* mit der *tukey*-Korrektur für multiples Testen angewendet [176].

5.5.1 Kovariablen und deren Kodierung

Die Kodierung der Kovariablen beeinflussen die Parametrierung sowie die Ergebnisse des Modells. Kategoriale Variablen wie die Lichtfarbe, Gruppe und Medikamentation werden als Faktor-Variable kodiert. Für die unterschiedlichen Messzeitpunkte gibt es folgende Varianten:

- Kodierung als **faktorielle Variable**. Dies entspricht den unabhängigen Variablen (Gruppe Gesund/Bipolar, Lichtfarbe schwarz/rot/blau). Es können direkte Vergleiche zwischen dem Referenzmesspunkt und den Messpunkten im Licht durchgeführt werden. Die Kodierung erfolgt als Messpunkt 1, Messpunkt 2 ... und Messpunkt 5.

- Kodierung als **numerische/metrische Variable**. Dies ist möglich, da die Abstände zwischen den Messpunkten gleich groß sind, die Variable kann als Messpunkt 0, 1, 2, 3, 4 kodiert werden. In diesem Fall wird ein Effekt angenommen, welcher sich linear über der Zeit entwickelt. Durch dieses Vorgehen müssen weniger Parameter geschätzt werden und ein Effekt kann eher nachgewiesen werden. Ist die Entwicklung beider Gruppen nicht linear, kann ein beliebiges Polynom für die Berechnung herangezogen werden. Bei diesem Vorgehen sind keine Unterschiede, welche nur zu bestimmten Zeitpunkten auftreten, nachweisbar. [175]

Die Auswertung wird mit der faktoriellen Kodierung für die Messzeitpunkte durchgeführt, um gegebenenfalls Unterschiede zwischen den Zeitpunkten nachzuweisen.

5.5.2 Konfidenzintervalle

Das Konfidenzintervall beschreibt die Grenzen, zwischen denen der wahre Wert angenommen wird. Typischerweise wird eine Konfidenzintervall von 95 % genutzt. In diesem Fall liegt für mindestens 95 % aller durch Messungen berechneten Konfidenzintervalle der wahre Wert der jeweiligen Messung zwischen den definierten Grenzen.

Das Konfidenzintervall CI berechnet sich zu:

$$CI = \bar{X} \pm \left(z_{\frac{1-p}{2}} * SE\right) \tag{5.11}$$

$$SE = \sigma * \sqrt{n} \tag{5.12}$$

- mit p als Signifikanzwert des Intervalls,

- SE als Standardfehler,

- σ als Standardabweichung der Stichprobe,

- n als den Stichprobenumfang,

- und $z_{(1-p)/2}$ als den z-Wert der Normalverteilung (mit p=95 % ergibt sich z=1,96).

Ist die Verteilung der Messwerte innerhalb einer Stichprobe nicht normal und/oder der Stichprobenumfang sehr klein, so wird die t-Verteilung anstelle des z-Wertes genutzt. Die Gleichung 5.11 wird zu:

$$CI = \bar{X} \pm (t_{n-1} * SE) \tag{5.13}$$

Für alle Messungen wird Gleichung 5.13 zur Berechnung der Konfidenzintervalle genutzt. Die Werte für die statistischen Verteilungsfunktionen sind in [171] tabelliert.

Gibt es keine Überlappung zwischen den Konfidenzintervallen verschiedener Stichproben, so kann sicher davon ausgegangen werden, dass die Populationen der Stichproben signifikant unterschiedlich sind. Ist die Überlappung der Konfidenzintervalle sehr groß bzw. liegt ein Intervall innerhalb der Grenzen des anderen, so sind beide Populationen sehr wahrscheinlich gleich.

5.5.3 Korrelationskoeffizient

Durch das Berechnen eines Korrelationskoeffizienten kann die Beziehung zwischen verschiedenen Messverfahren ermittelt werden. In Studie B wurden während der Lichtexposition die Herzfrequenz, PUI-Werte und das EEG aufgezeichnet. Diese Messgrößen wurden auf den Beginn der Lichtexposition zueinander zeitlich synchronisiert und der Pearson-Korrelationskoeffizient ($|r|$) aller Messwerte mit der *Matlab* Funktion *corr()* berechnet. Bei einem Korrelationskoeffizient von $+1$ existiert ein perfekter positiver und bei -1 ein negativer Zusammenhang zwischen den Variablen. Der zusätzlich ausgegebene p-Wert gibt die Wahrscheinlichkeit einer von Null signifikant verschiedenen Korrelation an.

6 Messergebnisse und deren Diskussion

Im Folgenden werden die Messergebnisse der Studien A und B vorgestellt und durch geeignete statistische Verfahren hinsichtlich der aufgestellten Hypothesen überprüft. Eine Interpretation der Ergebnisse erfolgt nur in geringem Maße, da dies eine tiefere medizinische Fachkenntnis erfordert und in dieser Arbeit die Methodik der Messung und Auswertung im Vordergrund stehen soll. Alle Auswertungen wurden in Rücksprache mit dem leitenden Oberarzt der Studie [179] durchgeführt. In allen Abbildungen sind die Messwerte für eine bessere Lesbarkeit durch Linien verbunden und durch eine hinterlegte Farbfläche oder vertikale Balken das 95% Konfidenzniveau eingezeichnet. In Tabelle 6.1 sind alle im Rahmen dieser Arbeit ausgewerteten Datensätze aus beiden Studien aufgelistet.

Tabelle 6.1: Zusammenfassung der Messungen. Für die Erläuterungen der Hypothesen siehe Fließtext unter Kapitel 6 oder 5

	Untersuchungsnacht	Hypothese
Studie A		
EEG-Daten	1,2,3 (schwarz, rot, blau)	Müdigkeitsunterschied
KSS-Werte	1,2,3 (schwarz, rot, blau)	Müdigkeitsunterschied
Melatonin im Blut	1,2,3 (schwarz, rot, blau)	Melatonin Suppression
Studie B		
EEG-Daten	2 (Lichtexposition)	Müdigkeitsunterschied
KSS-Werte	1 und 3 (dunkel)	Phasenverschiebung
PUI-Daten	2 (Lichtexposition)	Müdigkeitsunterschied
Herzfrequenz-Daten	2 (Lichtexposition)	Müdigkeitsunterschied
Melatonin im Blut	1 und 3 (dunkel)	Phasenverschiebung

Hypothesen Studie A Verstärkte **Melatoninsuppression** bei bipolaren Probanden unter blauem Licht im Vergleich zu gesunden Probanden. Die Exposition mit keinem (schwarz) oder rotem Licht dient für beide Gruppen als Kontrollbedingung. Gleichzeitig wird eine geringere Müdigkeit (**Müdigkeitsunterschied**) der bipolaren Probanden während der Blaulichtexposition erwartet.

Hypothesen Studie B Verstärkte circadiane **Phasenverschiebung** bei bipolaren Probanden durch Lichtexposition im Vergleich zu gesunden Probanden. Gleichzeitig wird eine

geringere Müdigkeit (**Müdigkeitsunterschied**) der bipolaren Probanden während der
Lichtexposition erwartet.

6.1 Studie A

6.1.1 EEG

Die Auswertung der EEG-Daten erfolgt in dieser Arbeit beispielhaft für das Elektrodenpaar
C3/A2 (siehe hierzu Kapitel 2.6.5). Da die Untersuchungsnacht ohne Lichtexposition
(schwarz) für alle Probanden immer die erste Intervention war, könnten die EEG-Daten
durch Gewöhnungseffekte beeinflusst sein. Diese Untersuchungsnacht wird daher in den
weiteren Auswertungen nicht betrachtet. Die folgenden Grafiken und Ausführungen geben
den Verlauf der Mittelwerte der jeweiligen Probandengruppe an. Es wird darauf hingewiesen,
dass dies keine evidenzbasierte, statistische Auswertung ist. Diese kann erst nach der
Annahme von Vereinfachungen erfolgen und schließt sich an.

Abbildung 6.1 zeigt den Verlauf des EEG-Spektrums über der Zeit während der blauen
Untersuchungsnacht. Um auch kleine Unterschiede sichtbar zu machen, ist der relative
Messwert für die Darstellung auf Werte zwischen 60 und 140 Prozent begrenzt.

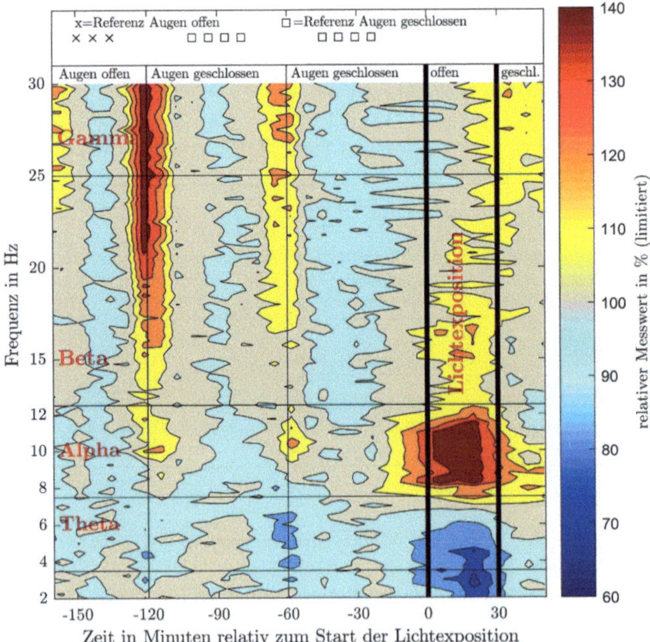

Abbildung 6.1: Verlauf der Leistungen im Elektrodenpaar C3/A2 im EEG für gesunde Probanden
in der Untersuchungsnacht mit Exposition durch blaues Licht

Zu den Zeitpunkten der Blutabnahmen, eine und zwei Stunden vor Beginn der Lichtexposition, ist eine deutliche Zunahme der Leistung im Alpha- und Gamma-Bereich zu erkennen. Gleichzeitig ist weniger Aktivität im Theta-Band feststellbar. Während der Lichtexposition steigt für gesunde Probanden die Leistung im oberen Alpha-Bereich an und sinkt im Theta-Band ab.

Abbildung 6.2 zeigt den Verlauf der Differenzen im EEG-Spektrum zwischen den Probandengruppen über der Zeit während der blauen Untersuchungsnacht.

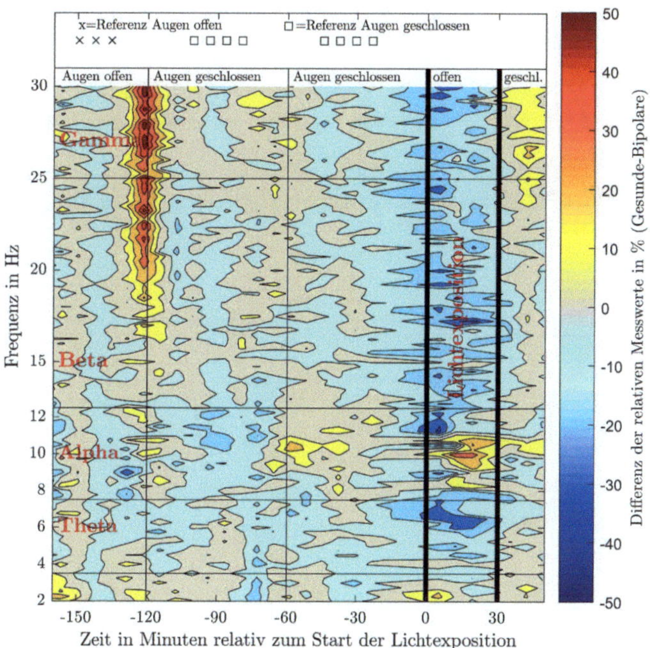

Abbildung 6.2: Verlauf der Differenz der Leistungen für das Elektrodenpaar C3/A2 im EEG aus gesunden Probanden und bipolaren Patienten in der Untersuchungsnacht mit Exposition durch blaues Licht

Während der Lichtexposition weisen gesunde Probanden im Mittel weniger Leistung im Theta-, Beta- sowie Gamma-Frequenzband auf. Nach der Lichtexposition ist bei gesunden Probanden im Mittel eine höhere Leistung im Gamma-Frequenzband als bei Probanden mit einer bipolaren Störung vorhanden.

Um Unterschiede zwischen den Probandengruppen besser darstellen zu können, wurden
die drei Zeitpunkte während der Lichtexposition jeweils für beide Lichtfarben gemittelt
und das Frequenzspektrum in Abbildung 6.3 a) und c) dargestellt. Ebenso wurden in
Abbildung 6.3 b) und d) die drei Zeitpunkte nach der Lichtexposition gemittelt und das
sich ergebende Spektrum dargestellt.

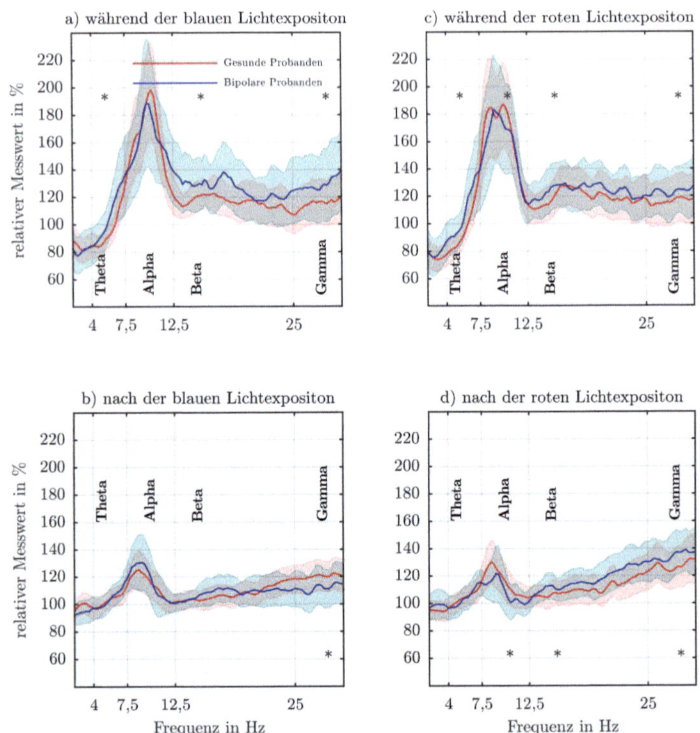

Abbildung 6.3: Gemitteltes EEG-Frequenzspektrum aus der Leistung während und nach der
Lichtexposition. * markieren signifikante (p<0,05) Unterschiede zwischen den
Probandengruppen im jeweiligen Frequenzband. Siehe dazu auch Tabelle 6.2

Es zeigt sich eine aktivierende Wirkung, welche durch hohe Leistungen im Alpha- und
Beta-Band charakterisiert wird, während der Exposition für beide Lichtspektren. Nach
dem Ende der Exposition sinken die Leistungen ab, jedoch nicht bis auf das Niveau vor
der Exposition.

Die Modellierung für die statistische Auswertung wurde durch [176] unterstützt. Es werden alle vorhandenen Datenpunkte in das Modell integriert, dies führt zu einer hohen Anzahl Freiheitsgrade. Im Idealfall sind für jeden Probanden Daten für 3 Messabschnitte jeweils während und nach der Lichtexposition mit Frequenzen von 2 bis 40 Hz in 0,25 Hz Schritten vorhanden. Durch Artefakte oder aussortierte Schlafsegmente kann die Messwertanzahl reduziert worden sein. Die statistische Datenauswertung wurde getrennt für die Zeit während der Lichtexposition und nach der Lichtexposition sowie für jedes Frequenzband durchgeführt. Alle Ergebnisse des linearen Modells Messwert~Farbe*Gruppe sind in Tabelle 6.2

Tabelle 6.2: Ergebnisse der **Probandengruppenunterschiede** in den EEG-Daten für das lineare Modell Messwert~Farbe*Gruppe. Blaue p-Werte bezeichnen einen signifikant größeren Messwert der bipolaren Probanden, rote p-Werte einen signifikant größeren Messwert der gesunden Probanden

Farbe	Zeitpunkt	Theta	Alpha	Beta	Gamma
rot	während	t(6179)=-2,86 p=0,0043	t(7898)=2,57 p=0,01	t(20542)=-5,78 p<0,0001	t(24388)=-11,8 p<0,0001
rot	nach	t(6554)=1,24 p<0,214	t(8653)=3,766 p=0,0002	t(21718)=-14,2 p<0,0001	t(25746)=-16,8 p<0,0001
blau	während	t(6179)=-4,81 p<0,0001	t(7898)=-0,45 p=0,652	t(20542)=-8,73 p<0,0001	t(24388)=-9,93 p<0,001
blau	nach	t(6554)=-0,60 p=0,547	t(8653)=0,04 p=0,965	t(21718)=1,28 p=0,2	t(25746)=7,44 p<0,0001

sowie 6.3 aufgezeigt und die signifikanten EEG-Frequenzbänder in Abbildung 6.3 gekennzeichnet.

Tabelle 6.3: Ergebnisse der **Unterschiede durch die spektralen Verteilungen** in der Lichtexposition bei Gesunden in den EEG-Daten für das lineare Modell Messwert~Farbe*Gruppe. Rote p-Werte bezeichnen einen signifikant größeren Messwert durch die rote Lichtexposition

Zeitpunkt	Theta	Alpha	Beta	Gamma
während	t(6179)=1,35 p=0,179	t(7898)=0,65 p=0,515	t(20542)=3,165 p=0,0016	t(24388)=0,226 p=0,821
nach	t(6554)=0,99 p=0,328	t(8653)=-1,39 p=0,165	t(21718)=-1,1 p=0,27	t(25746)=2,08 p=0,037

Die berechneten Modellparameter von R für das Zeitintervall nach der Lichtexposition und das Theta-Frequenzband sind in Ausgabe 6.1 angegeben. Um Unterschiede zwischen den statistischen Modellierungsvarianten zu zeigen, wird dieses Messintervall beispielhaft aufgrund des p-Wertes um 0,5 herangezogen.

Ausgabe 6.1: Ausgabe von R im Theta-Band nach der Lichtexposition in Studie A mit einem **linearen Modell**

```
lm(formula = Messwert ~ Farbe*Gruppe
Residuals:
Min       1Q Median      3Q      Max
−83,28 −19,28   −3,08   16,66 139,01


Coefficients:
                        Estimate Std, Error t value  Pr(>|t|)
(Intercept)             104,8598     0,6898 152,019   <2e−16 ***
Farbeblau                −0,9254     0,9461  −0,978    0,328
GruppeBipolar            −1,3300     1,0717  −1,241    0,215
Farbeblau:GruppeBipolar   1,9594     1,4970   1,309    0,191


Residual standard error: 29,65 on 6554 degrees of freedom
Multiple R-squared:  0,0002952, Adjusted R-squared:   −0,0001624
F-statistic: 0,6452 on 3 and 6554 DF,   p-value: 0,5859
Farbe = rot:
contrast           estimate         SE   df t,ratio p,value
Gesund − Bipolar  1,3299826 1,071698 6554   1,241  0,2146


Farbe = blau:
contrast           estimate         SE   df t,ratio p,value
Gesund − Bipolar −0,6293868 1,045254 6554  −0,602  0,5471
```

Das Modell wird um einen zusätzlichen zufälligen Probandeneffekt zu einem linearen gemischten Modell erweitert. Es ergibt sich Ausgabe 6.2.

Ausgabe 6.2: Ausgabe von R für ein **lineares gemischtes Modell** im Theta-Band nach der Lichtexposition in Studie A

```
Linear mixed−effects model fit by maximum likelihood
AIC      BIC     logLik
61894,72 61935,45 −30941,36


Random effects:
Formula: ~1 | Proband
(Intercept) Residual
StdDev:    14,01446 26,54546


Fixed effects: Messwert ~ Farbe + Gruppe + Farbe:Gruppe
                        Value Std,Error   DF  t−value p−value
(Intercept)             105,11338 2,010322 6468 52,28684  0,0000
Farbeblau                −0,62854 0,905587 6468 −0,69407  0,4877
GruppeBipolar            −1,72265 3,254015   86 −0,52939  0,5979
Farbeblau:GruppeBipolar   1,77467 1,421858 6468  1,24813  0,2120


Standardized Within−Group Residuals:
Min           Q1          Med          Q3          Max
−2,98513007 −0,65687100 −0,09911942  0,53240865  5,08370725
Number of Observations: 6558 Number of Groups: 88


Farbe = rot:
contrast           estimate         SE df t,ratio p,value
Gesund − Bipolar  1,72265174 3,254015 86   0,529  0,5979
Farbe = blau:
contrast           estimate         SE df t,ratio p,value
Gesund − Bipolar −0,05201551 3,239102 86  −0,016  0,9872
```

Es ist zu erkennen, dass die p-Werte im linearen gemischten Modell mit *lme()* wesentlich größer sind als für das Modell ohne Zufallsschätzer. Laut [176] wird durch die zufälligen Effekte versucht, auf die Grundgesamtheit zu schließen, dabei werden die Daten als Stichprobe angenommen. Dies gilt für das Verfahren mit *lm()* nicht, jedoch genügt die vereinfachte Auswertung mit linearen Modellen für alle im Rahmen dieser Arbeit durchgeführten Analysen.

Als Kovariable wird nach Rücksprache mit [179] die Einnahme von Antihistaminika Medikamenten zusätzlich mit in das lineare Modell aufgenommen. Der likelihood-ratio-test ergibt eine signifikante Verbesserung des Modells (F(6552)=34,4;p<0,0001). Diese unterschiedlichen, aber zu einer Gruppe gehörenden Medikamente, wurden nur von bipolaren Probanden eingenommen und haben generell eine beruhigende Wirkung.

Für das Theta-Frequenzband ergibt sich für das Intervall nach der Lichtexposition die Ausgabe 6.3. In den post-hoc Kontrasten zeigt sich bei blauer Lichtexposition der bipolaren

Ausgabe 6.3: Ausgabe von R für die EEG-Auswertung nach der Lichtexposition im Theta-Band in Studie A

```
lm(formula = Messwert ~ Farbe*Gruppe*Antihistaminika
Residuals:
    Min      1Q  Median      3Q      Max
-83,283 -19,225  -3,123  16,450 139,010
Coefficients: (2 not defined because of singularities)
                               Estimate Std, Error t value Pr(>|t|)
(Intercept)                    104,8598     0,6863 152,792  < 2e-16 ***
Farbeblau                       -0,9254     0,9413  -0,983  0,32560
GruppeBipolar                   -6,1430     1,2481  -4,922 8,77e-07 ***
Antihistaminika_ja             12,4320     1,6754   7,421 1,31e-13 ***
Farbeblau:GruppeBipolar          4,5942     1,7277   2,659  0,00785 **
Farbeblau:Antihistaminika_ja    -6,0538     2,4022  -2,520  0,01176 *

Residual standard error: 29,5 on 6552 degrees of freedom
Multiple R-squared:  0,01068,    Adjusted R-squared:  0,009927
F-statistic: 14,15 on 5 and 6552 DF,   p-value: 8,531e-14

Farbe = rot:
contrast                                                             Estimate       SE   df t,ratio p,value
Antihistaminika_nein,Gesund − Antihistaminika_nein,Bipolar          6,142968 1,248054 6552   4,922  <,0001
Antihistaminika_nein,Gesund − Antihistaminika_ja,Bipolar           -6,288993 1,480256 6552  -4,249  0,0001
Antihistaminika_nein,Bipolar − Antihistaminika_ja,Bipolar         -12,431961 1,675352 6552  -7,421  <,0001
Farbe = blau:
contrast                                          Estimate       SE   df t,ratio p,value
Antihistaminika_nein,Gesund − Antihistaminika_nein,Bipolar          1,548765 1,194640 6552   1,296  0,5652
Antihistaminika_nein,Gesund − Antihistaminika_ja,Bipolar           -4,829411 1,538390 6552  -3,139  0,0092
Antihistaminika_nein,Bipolar − Antihistaminika_ja,Bipolar          -6,378176 1,721530 6552  -3,705  0,0012
```

im Vergleich zu gesunden Probanden kein signifikant höherer Wert in der Theta-Leistung (ohne Antihistaminika-Einnahme (t(6522)=1,23 p=0,565). Dagegen sind für die Exposition mit rotem Licht hoch signifikante Unterschiede mit t(6522)=4,92 p<0,0001 zu erkennen. Die Leistung im Theta-Frequenzband der gesunden ist wesentlich höher als die der bipolaren Probanden. Tabelle 6.4 zeigt die Ergebnisse der statistischen Analyse.

Tabelle 6.4: Ergebnisse der **Probandengruppenunterschiede** in den EEG-Frequenzbändern für das lineare Modell Messwert~Farbe*Gruppe*Antihistaminika. Blaue p-Werte bezeichnen einen signifikant größeren Messwert der bipolaren Probanden ohne Antihistaminika Medikamentation. Rote p-Werte einen signifikant größeren Messwert der gesunden Probanden.

Farbe	Zeitpunkt	Theta	Alpha	Beta	Gamma
rot	während	t(6177)=-3,00 p=0,014	t(7484)=1,84 p=0,256	t(20540)=-4,83 p<0,0001	t(24386)=-15,7 p<0,0001
rot	nach	t(6522)=4,92 p<0,0001	t(8651)=1,89 p=0,234	t(21716)=-12,8 p<0,0001	t(25746)=-16,8 p<0,0001
blau	während	t(6177)=2,50, p=0,06	t(7484)=1,84 p=0,256	t(20540)=-4,83 p<0,0001	t(24386)=-12,0 p<0,001
blau	nach	t(6522)=1,23 p=0,565	t(8651)=1,48 p=0,445	t(21716)=4,15 p=0,0002	t(25744)=9,10 p<0,0001

6.1.2 KSS

Die relativen Änderungen im KSS-Wert bezogen auf den „Licht an" Zeitpunkt sind im
zeitlichen Verlauf in Abbildung 6.4 zu sehen.

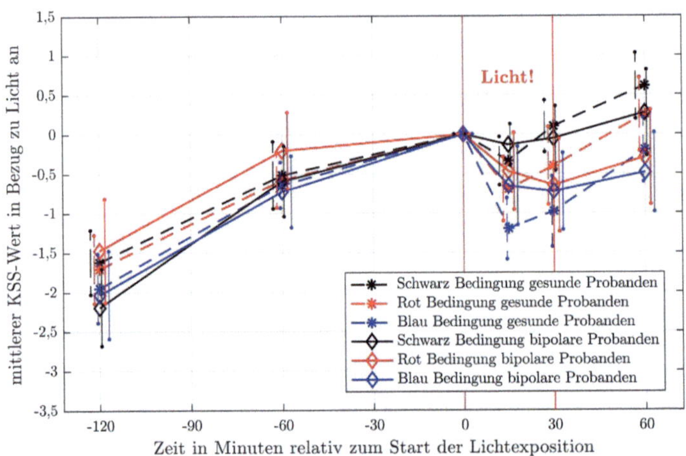

Abbildung 6.4: Gemittelte Werte der Änderungen im KSS-Wert für verschiedene Lichtfarben und
Probandengruppen.

Für die Zeitpunkte ab „Licht an", +15 Minuten (ca. 23:15 Uhr), +30 Minuten (ca. 23:30 Uhr,
„Licht aus") und +60 Minuten (ca. 00:00 Uhr, Ende der Messung) wurde eine statistische
Analyse durchgeführt. Die Unterschiede in den Zeitpunkten vor der Intervention „Licht an"
sind auf die Messwertstreuungen zurückzuführen und werden nicht betrachtet.

Mit dem linearen Modell Messwert~Farbe*Gruppe konnte durch post-hoc-tests für gesunde
Probanden ein signifikanter Unterschied zwischen der Dunkelnacht und der blauen Exposi-
tionsnacht nach 15 Minuten ($t(269)=3,5$; $p=0,002$) Lichtexposition, nach 30 Minuten Licht
($t(273)=3,77$; $p=0,0006$) und nach 60 Minuten ($t(270)=2,7$; $p=0,02$) nachgewiesen werden.
Gruppenunterschiede waren dagegen bei dieser Modellierung nicht signifikant.

Wird das Modell um einen zufälligen Probandeneffekt zu einem linearen gemischten
Modell erweitert, ergibt sich zusätzlich ein signifikanter Unterschied zwischen gesunden und
bipolaren Probanden nach 15 Minuten blauer Lichtexposition ($t(95)=-2,95$; $p=0,039$). Die
Art der Modellierung hat somit einen wesentlichen Einfluss auf das Ergebnis. Unterschiede
zwischen roter und blauer Lichtexposition konnten für keine der beiden Gruppen gefunden
werden.

6.1.3 Melatonin

Die Gruppenmittelwerte der Melatonin Messungen aus Studie A sind in Abbildung 6.5 zu sehen. Da zu Beginn der Lichtexposition jeder Proband eine individuelle Melatoninkon-

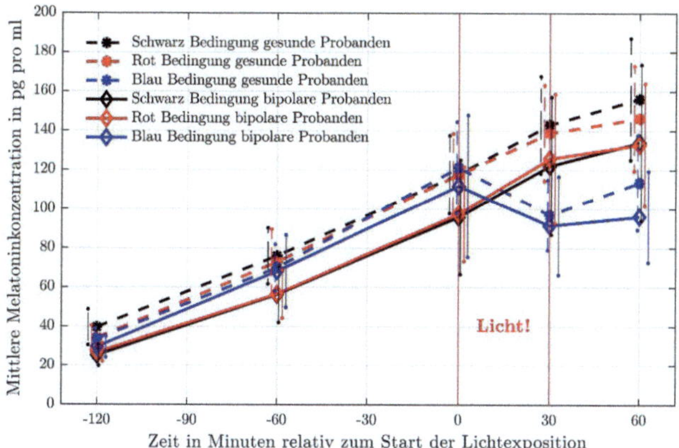

Abbildung 6.5: Zeitlicher Verlauf der absoluten Melatoninkonzentration für verschiedene Lichtfarben und Probandengruppen.

zentration aufweist, muss für die Bewertung der Melatoninsuppression eine Normierung durchgeführt werden. Hierzu wird der Messwert um 23 Uhr als Referenzwert genutzt und alle anderen Messwerte des Probanden auf diesen Wert bezogen. Dadurch ergeben sich relative Werte für jeden Messzeitpunkt. Siehe hierzu Abbildung 6.6.

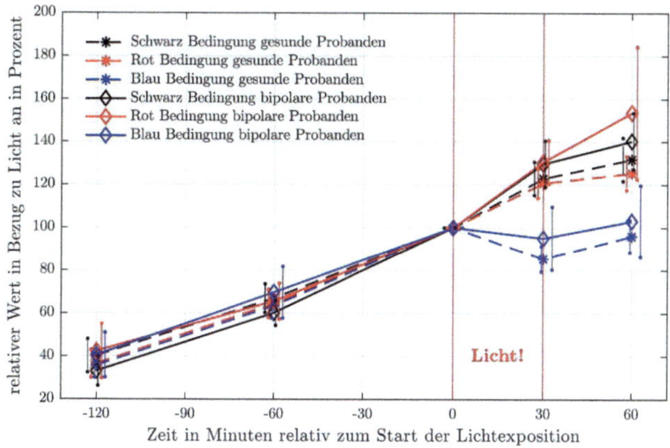

Abbildung 6.6: Zeitlicher Verlauf der relativen Melatoninkonzentration für verschiedene Lichtfarben und Probandengruppen

Für die statistische Auswertung werden in einem ersten Schritt nur die relativen Messwerte am Ende der blauen Lichtexposition in Abbildung 6.7 herangezogen.

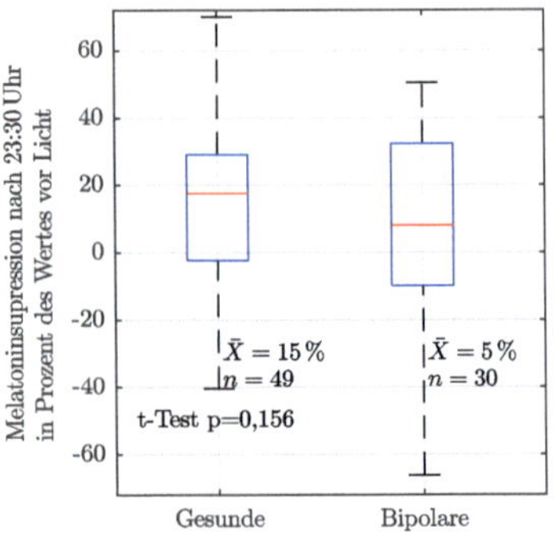

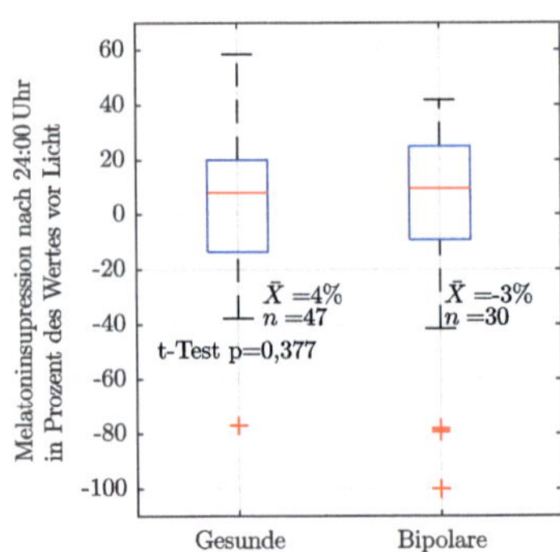

(a) Melatoninwert um 23:30 Uhr in Bezug zum Wert vor der Lichtexposition

(b) Melatoninwert um 24:00 Uhr in Bezug zum Wert vor der Lichtexposition

Abbildung 6.7: Boxplot der Melatoninwerte nach der blauen Lichtexposition

Zu beiden Zeitpunkten ist kein signifikanter Unterschied zwischen den Probandengruppen nachweisbar.

In [55] ist die Melatoninunterdrückung als Differenz zwischen der Melatoninkonzentration in der Referenznacht zu einer Untersuchungsnacht mit Lichtexposition zum gleichen Zeitpunkt definiert. In Studie A kann entweder die Nacht ohne Lichtexposition oder die Exposition mit rotem Licht als Referenznacht genutzt werden. Die relative Differenz der beiden Referenzvarianten zur Nacht mit einer blauen Lichtexposition ist in Abbildung 6.8 dargestellt.

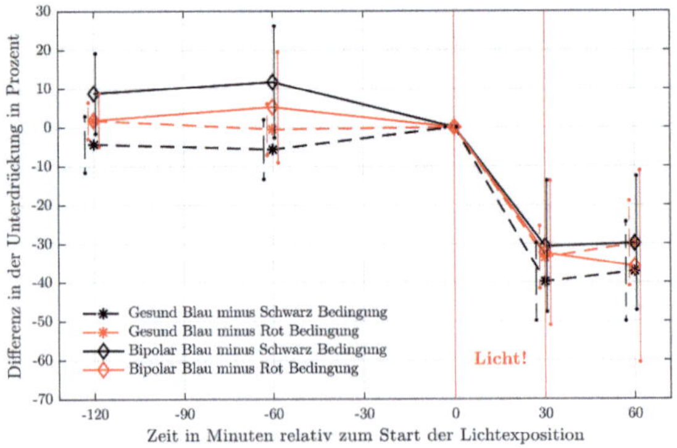

Abbildung 6.8: Zeitlicher Verlauf der Differenz der relativen Melatoninkonzentrationen

Auch hier zeigt sich kein signifikanter Unterschied der Probandengruppen in der Auswertung. Das Ergebnis ist auch an den ineinander liegenden Konfidenzintervallen erkennbar. Für weitere Analysen mit verschiedenen Kovariablen sei auf [180] verwiesen.

6.2 Studie B

6.2.1 EEG

Die Ergebnisse der EEG-Messungen aus Studie B sind in den folgenden Abbildungen
dargestellt. Dabei wird eine individuelle Alpha Frequenz, wie in Abschnitt 5.4.3 erläutert,
genutzt. In Abbildung 6.11 werden beispielhaft die Unterschiede zu einer Auswertung ohne
IAF aufgezeigt.

In Abbildung 6.9 ist der Verlauf des Spektrums im EEG vor und während der Lichtexposition
bei gesunden Probanden und dem Elektrodenpaar C3/A2 dargestellt.

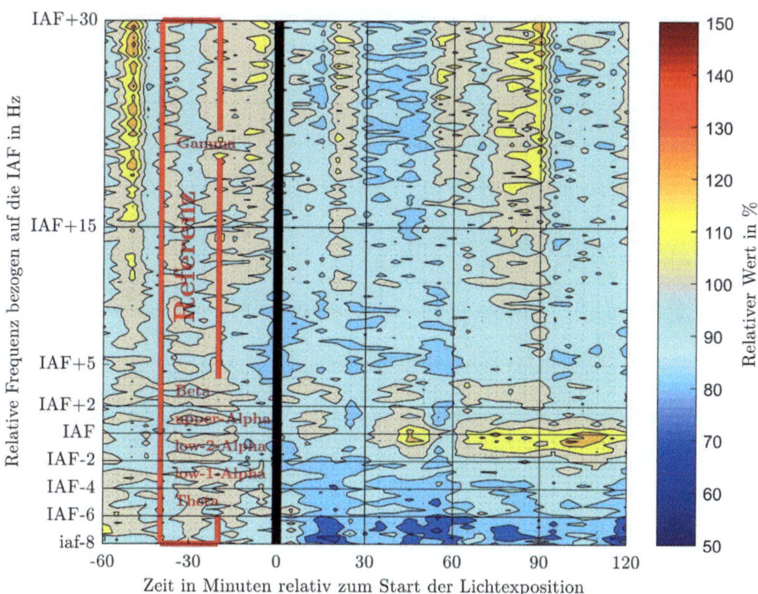

Abbildung 6.9: Verlauf des Frequenzspektrums im EEG vor und während der Lichtexposition
bei gesunden Probanden. Die Lichtexposition startet bei Minute Null.

Während der Lichtexposition kommt es zu einer Abnahme der Leistung im Theta-Band
und zu einer Zunahme im Bereich der IAF. Dies deutet auf eine zunehmende Wachheit der
gesunden Probanden hin.

In Abbildung 6.10 ist die Differenz der relativen EEG-Messwerte zwischen der gesunden und bipolaren Gruppe dargestellt.

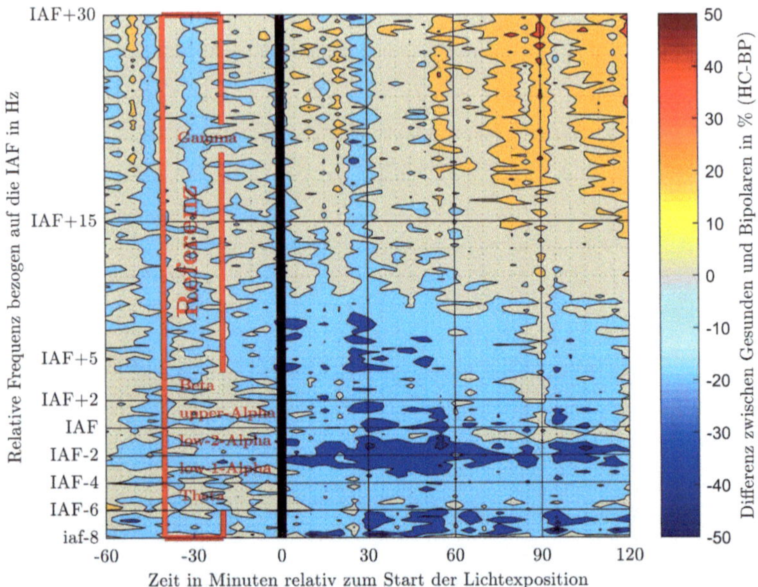

Abbildung 6.10: Differenz der Verläufe der Frequenzspektren vor und während der Lichtexposition zwischen bipolaren und gesunden Probanden. Die Lichtexposition startet bei Minute Null.

Bipolare Probanden haben während der Lichtexposition eine höhere Leistung als gesunde Probanden im Bereich der IAF und im low-2-Alpha Band. Im oberen Bereich des Beta- und Gamma-Bandes besitzen die gesunden Probanden eine höhere Leistung als bipolare Probanden.

Einfluss der individuellen Alpha-Frequenz Um die Auswirkungen der IAF zu ermitteln, wurde der Verlauf des Spektrums für gesunde Probanden mit ihrer jeweiligen IAF sowie mit einer festen IAF von 10 Hz berechnet. Für jeden Messpunkt ist die Differenz der Messwerte gebildet worden. Es zeigen sich viele kleine Abweichungen, der Mittelwert der Absolutwerte der Differenz beträgt 4,4 %. Die minimale Differenz ist -25,5 % und die maximale Differenz 25,8 %. Siehe hierzu Abbildung 6.11

Für bipolare Probanden beträgt der Mittelwert der Absolutwerte der Differenz 5,4 %, die minimale Differenz ist -27,2 % und die maximale Differenz 32,0 %. Da nur für 50 Probanden eine eindeutige (mit einem Algorithmus bestimmbare) IAF ermittelt werden konnte, sind in einem zweiten Schritt nur diese Probanden betrachtet und mit einer Berechnung über alle Probanden verglichen worden. In Abbildung 6.12 ist die Differenz zwischen einer Berechnung mit und ohne IAF jeweils für alle gesunden Probanden oder nur gesunde Probanden mit einer ausgeprägten IAF dargestellt.

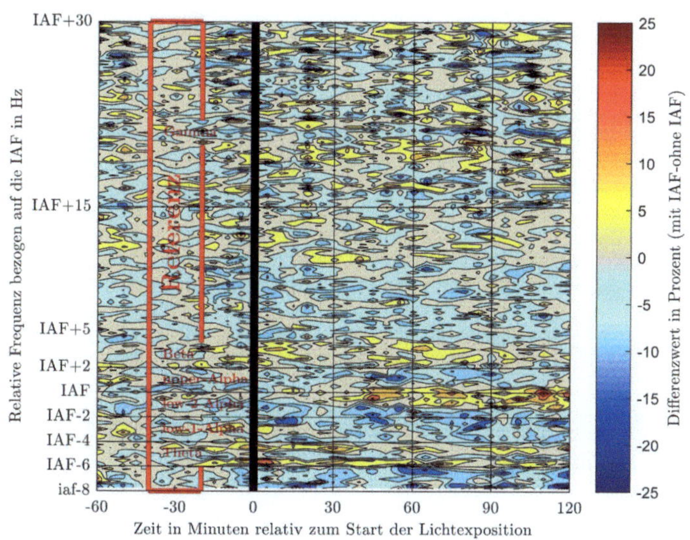

Abbildung 6.11: Unterschiede durch die Berechnung mit IAF und ohne IAF für gesunde Probanden

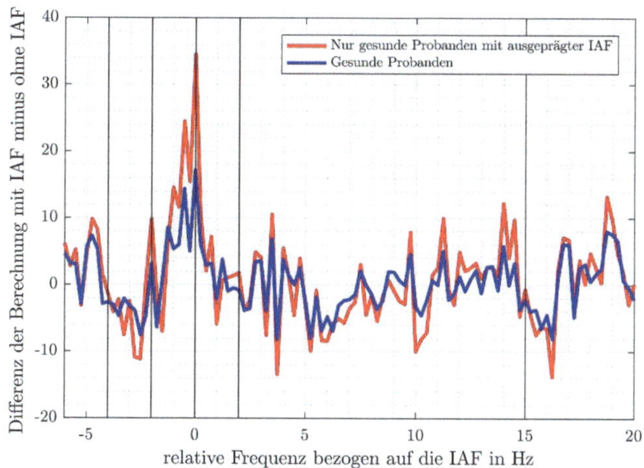

Abbildung 6.12: Differenz zwischen einer Berechnung mit und ohne IAF jeweils für alle gesunden Probanden oder nur gesunde Probanden mit einer ausgeprägten IAF. Die Daten wurden über den Zeitraum zwischen 100 und 115 Minuten gemittelt.

Der Einfluss der IAF führt im Bereich der IAF (rund 10 Hz) zu Abweichungen von 10 bis 20 %. Für die restlichen Frequenzbereiche ist die Abweichung vernachlässigbar. Eine

Einschränkung auf Probanden mit einer ausgeprägten IAF führt zu höheren Abweichungen.
Jedoch kann dies mit einer kleineren Probandenzahl (rund 21 zu 40) begründet werden.
Die Nutzung einer IAF ist demnach nicht in jedem Falle nötig. Bei einer Auswertung mit
breiten Standard-Frequenzbändern sind die Messwertabweichungen durch andere, das EEG
beeinflussende Effekte wie Artefakte, als wesentlicher zu bewerten.

Für die weitere Auswertung wurden drei Messintervalle während der Lichtexposition
festgelegt. Messintervall eins von 35 bis 50 Minuten, Messintervall zwei von 65 bis 80
Minuten und Messintervall drei von 95 bis 110 Minuten. Diese Intervalle liegen genau
zwischen den Pausen der Probanden, sodass die Messungen minimale Störungen aufweisen.
Für die weitere Auswertung wird nur Messintervall drei betrachtet, da dieses am Ende der
Messzeit liegt und Unterschiede zwischen den Gruppen dort zuerst sichtbar werden. Die
IAF wird weiter genutzt, jedoch werden die Frequenzbereiche für die Vergleichbarkeit auf
die gleichen Werte wie in Studie A / Abschnitt 2.6.5 festgelegt. Eine Unterteilung des Alpha-
Frequenzbandes erfolgt nicht. Abbildung 6.13 a) zeigt die Spektren der Probandengruppen
sowie b) die Unterschiede aufgrund der Medikamentation bei den bipolaren Probanden.

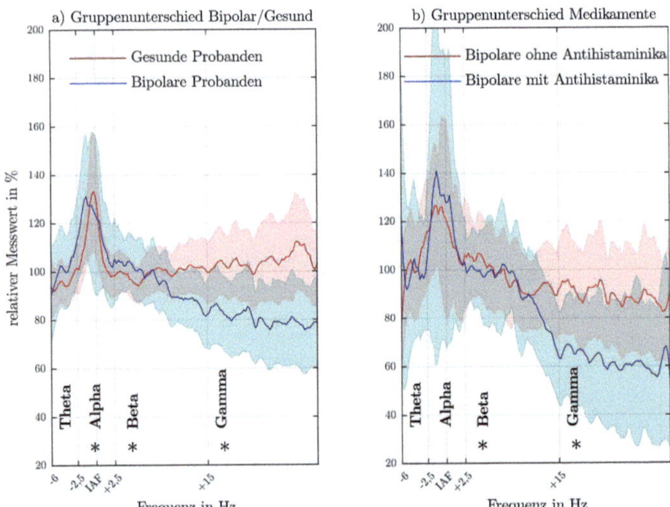

Abbildung 6.13: Gemittelte Spektren der Probandengruppen mit und ohne Medikation während
des Messintervalls drei am Ende der Lichtexposition. * markieren signifikante
Gruppenunterschiede mit p<0,05. Siehe hierzu auch Tabelle 6.5

Unterschiede treten in beiden Varianten hauptsächlich im Bereich des Gamma-Frequenzbereiches
auf. Der in Abbildung 6.13 a) sichtbare Unterschied zwischen den gesunden und bipolaren
Probanden wird, wie in Abbildung 6.13 b) sichtbar, hauptsächlich durch den Medikamen-
teneinfluss der bipolaren Probanden hervorgerufen.

Tabelle 6.5 zeigt alle Ergebnisse der statistischen Analyse für den Messpunkt drei.

Es konnte gezeigt werden, dass es am Ende der Lichtexposition bei gesunden Probanden
zu einem signifikanten Anstieg im Bereich der IAF kommt. Die Interpretation dieses
Effekts ist, wie schon in Kapitel 2.6.5 beschrieben, hochkomplex und kann hier aus Sicht
eines Ingenieurs nicht zum Gegenstand einer Diskussion gemacht werden. Inwieweit der

Tabelle 6.5: Ergebnisse der Gruppenunterschiede in den EEG-Daten an Messpunkt drei für die Auswertung

a) Messwert~Messpunkt*Gruppe ; blaue p-Werte bezeichnen einen signifikant größeren Messwert der bipolaren Probanden ohne Antihistaminika Medikamentation, rote p-Werte einen signifikant größeren Messwert der gesunden Probanden und **b) Messwert~Messpunkt*Gruppe*Antihistaminika**

Bedingung	Theta	Alpha	Beta	Gamma
a) Gesund-Bipolar	$t(5887)=-1,6$ $p=0,60$	$t(11436)=-4,4$ $p<0,001$	$t(28674)=-5,1$ $p<0,0001$	$t(38187)=15,7$ $p<0,0001$
b) Medikamentation	$t(5884)=0,06$ $p<0,99$	$t(11433)=-1,5$ $p=0,44$	$t(28671)=3,0$ $p<0,011$	$t(38184)=17,8$ $p<0,0001$

gefundene Unterschied während der Lichtexposition komplett auf Medikamenteneffekte zurückzuführen ist, bleibt dabei offen, da nur eine Medikamentengruppe in die Analyse einbezogen wurde. Da die Probanden sehr oft mehr als einen Wirkstoff dauerhaft einnehmen, kann es zu gegenteiligen Effekten kommen, welche sich gegenseitig verstärken oder aufheben. Weitere Untersuchungen würden den Rahmen dieser Arbeit sprengen, werden aber im weiteren Projektverlauf durchgeführt.

6.2.2 KSS

In Abbildung 6.14 sind die Messwerte der KSS-Werte für alle drei Untersuchungsnächte dargestellt.

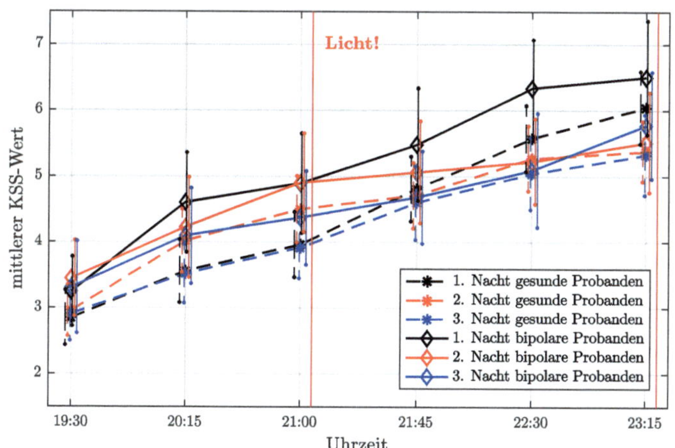

Abbildung 6.14: Mittlerer absoluter KSS-Wert der Probanden pro Messzeitpunkt in den Untersuchungsnächten. Größere Werte geben eine höhere Müdigkeit an.

Bipolare Probanden sind in der ersten Untersuchungsnacht zum Zeitpunkt 20:15 Uhr $(T(449)=-2,54;\ p=0,01)$ und 21:00 Uhr $(T(449)=-2,2;\ p=0,03)$ signifikant müder als gesunde Probanden.

Wie in Kapitel 5.3.11 erläutert, ist in Abbildung 6.15 der mittlere KSS-Wert der Probanden pro Messzeitpunkt in den Untersuchungsnächten Eins und Drei aufgezeigt, sowie die daraus abgeleiteten, aus den Messwerten genäherten Geraden eingezeichnet.

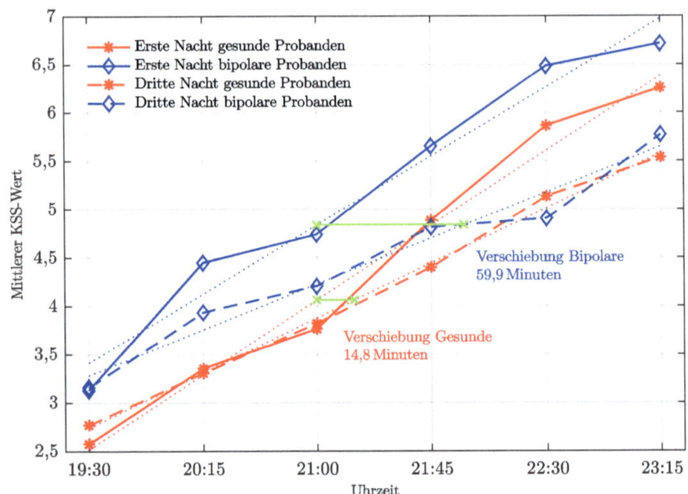

Abbildung 6.15: Mittlerer KSS-Wert der Probanden pro Messzeitpunkt in den Untersuchungsnächten Eins und Drei sowie die daraus abgeleiteten gemittelten Geraden.
Größere Werte geben eine höhere Müdigkeit an.

Aus dem Abstand der genäherten Geraden in Bezug zur Referenzzeit von 21:00 Uhr wurde eine Verschiebung des Anstiegs der Müdigkeit von 15 Minuten für die gesunden und 58 Minuten für die bipolaren Probanden berechnet.

Wie weiterhin erläutert, ist die statistische Analyse nicht mit der Zeitverschiebung, sondern nur mit individuellen Differenzen der Messwerte zwischen der ersten und dritten Untersuchungsnacht zum jeweiligen Messzeitpunkt möglich. Mit dem linearen Modell Messwert~Messpunkt*Gruppe konnte für keinen der Messzeitpunkte ein signifikanter Gruppenunterschied nachgewiesen werden.

6.2.3 Pupillenunruheindex

Der Verlauf der Pupillenunruhe über der Messzeit während der Lichtexposition ist in
Abbildung 6.16 aufgetragen. In den Pausen konnten sich die Probanden für 5 Minuten
zurücklehnen und es wurden keine Messwerte aufgenommen.

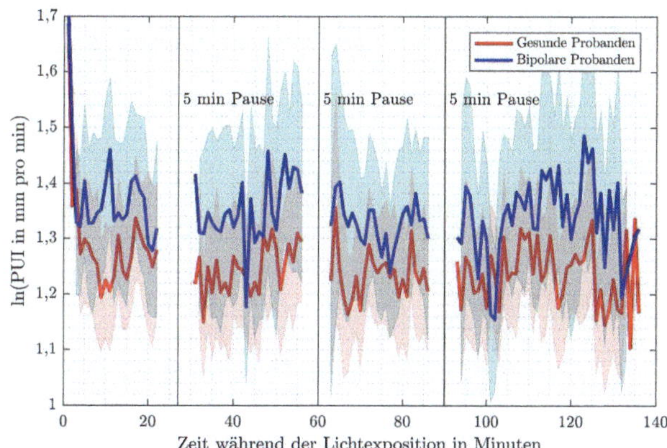

Abbildung 6.16: Logarithmierte Messwerte des Pupillenunruheindex. Größere Werte bedeuten
eine geringere Wachheit.

Für die statistische Auswertung wurden die Daten von jedem Proband über jeweils eine
Minute gemittelt und ein lineares Modell erstellt. Es werden die gleichen Messintervalle
wie für die EEG-Daten aus Abschnitt 6.2.1 genutzt. Messintervall eins umfasst 35 bis
50 Minuten, Messintervall zwei 65 bis 80 Minuten und Messintervall drei 95 bis 110 Minuten.
In allen Messintervallen ist der PUI der gesunden Probanden signifikant niedriger als in
der Gruppe der bipolaren Probanden. Dies lässt auf eine größere Wachheit der Gesunden
schließen. Siehe hierzu Tabelle 6.6. Für keine der beiden Gruppen gibt es eine signifikante
Veränderung der Wachheit während der Lichtexposition. Siehe hierzu Tabelle 6.7.

Tabelle 6.6: Gruppenunterschiede in der Pupillenunruhe für die Auswertung
Messwert~Messintervall*Gruppe. Blaue p-Werte bezeichnen einen signifikant
größeren Messwert der bipolaren Probanden

	Messintervall	
1	2	3
t(4095)=-5,5	t(4095)=-4,9	t(4095)=-6,8
p<0,0001	p<0,0001	p<0,0001

Tabelle 6.7: Zeitliche Unterschiedliche der Pupillenunruhe in den Probandengruppen für die
Auswertung Messwert~Messintervall*Gruppe.

Messintervall	Gesunde	Bipolare
1 - 2	t(4095)=0,7 p=0,76	t(4095)=0,9 p=0,62
1 - 3	t(4095)=0,5 p=0,88	t(4095)=0,2 p=0,99
2 - 3	t(4095)=-0,3 p=0,95	t(4095)=-0,8 p=0,69

6.2.4 Herzfrequenz

Die absoluten Messwerte der Herzfrequenz sind in Abbildung 5.15 in Kapitel 5.3.10
dargestellt. Um sinnvoll den Einfluss der Lichtexposition auf beide Gruppen untersuchen
zu können, wird die Herzfrequenz für jeden Probanden auf den eigenen Ruhepuls während
der Referenzzeit vor der Lichtexposition von Minute -50 bis Minute -30 normiert. Die
Messwerte der Herzfrequenz sind über jeweils eine Minute gemittelt. Der sich ergebende
zeitliche Verlauf ist in Abschnitt 6.17 dargestellt.

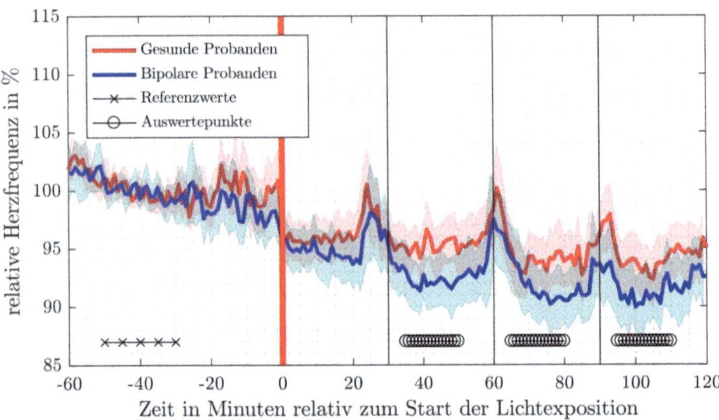

Abbildung 6.17: Verlauf der relativen Herzfrequenz in Studie B

Die Pausen während der Lichtexposition sind mit einem Ansteigen der Herzfrequenz
erkennbar. In die statistische Auswertung gehen die Messwerte von Minute 35 bis Minute
50 (Messintervall 1), Minute 65 bis 80 (Messintervall 2) und von Minute 95 bis 110
(Messintervall 3), jeweils nach Beginn der Lichtexposition, ein.

Es ergibt sich für alle drei Messintervalle ein signifikanter Unterschied zwischen den
bipolaren und den gesunden Probanden. Siehe hierzu Tabelle 6.8

Tabelle 6.8: Gruppenunterschiede in den Herzfrequenzdaten für die Auswertung
Messwert~Messintervall*Gruppe. Rote p-Werte bezeichnen einen signifikant
größeren Messwert der gesunden Probanden

	Messintervall	
1	**2**	**3**
t(4695)=7,8	t(4695)=6,33	t(4695)=6,65
p<0,0001	p<0,0001	p<0,0001

Die Ergebnisse stimmen mit den Aussagen der Messwerte von PUI und KSS überein. Die
höhere Herzfrequenz der gesunden Probanden weist auf eine geringe Müdigkeit während
der Lichtexposition hin.

Innerhalb der Probandengruppe der Gesunden ist zwischen Messintervall eins und zwei
sowie zwischen Messintervall eins und drei ein signifikanter Anstieg der Herzfrequenz zu
verzeichnen. Für die bipolaren Probanden kann ein signifikanter Unterschied zwischen
Messintervall eins und drei festgestellt werden. Siehe hierzu Tabelle 6.9.

Tabelle 6.9: Zeitliche Unterschiedliche der Herzfrequenzdaten in den Probandengruppen für die Auswertung Messwert~Messintervall*Gruppe. Blaue p-Werte bezeichnen einen signifikant kleineren Messwert mit dem Fortschreiten der Messzeit

Messintervall	Gesunde	Bipolare
1 - 2	t(4695)=2,9; p=<0,01	t(4695)=1,2; p=0,5
1 - 3	t(4695)=3,9; p=0,0002	t(4695)=2,7; p=0,02
2 - 3	t(4695)=1,15; p=0,48	t(4695)=1,6; p=0,23

Als weiterer Parameter neben der Herzfrequenz wird der Verlauf der SDNN der Probanden über die Zeit berechnet und in Abbildung 6.18 dargestellt. Für diese Auswertung wurde die Standardabweichung der NN-Intervalle über jeweils 5 Minuten, wie in [100] vorgeschlagen, berechnet. Da zwischen den beiden Probandengruppen ähnlich der Herzfrequenz signifikante Unterschiede in der Phase vor der Lichtexposition existieren, wird die SDNN nur als relativer Messwert mit der gleichen Normierung wie die Herzfrequenz ausgewertet.

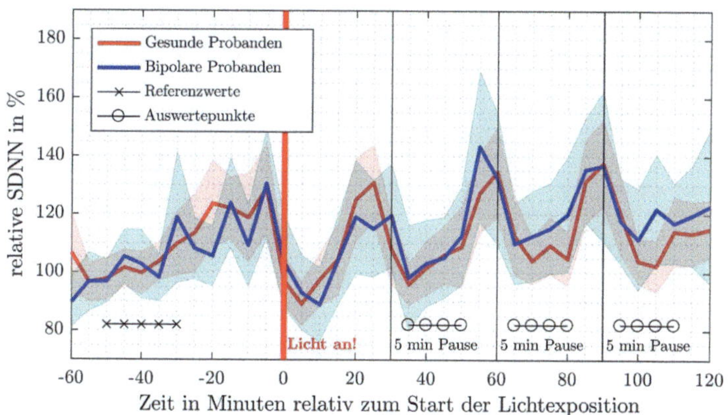

Abbildung 6.18: Verlauf der relativen Herzratenvariabilität SDNN

Die Pausen während der Lichtexposition sind auch hier klar mit einem Ansteigen der SDNN erkennbar. Mit dem Modell Messwert~Messintervall*Gruppe konnte in keinem Messintervall ein signifikanter Unterschied zwischen den Probandengruppen gefunden werden. Bei den gesunden Probanden ist zwischen Messintervall eins und zwei (t(543)=-2,9; p=0,01) sowie zwischen dem Messintervall eins und drei (t(543)=-3,9;p=0,0004) ein signifikantes Ansteigen der relativen Messwerte zu verzeichnen.

Das Ansteigen der SDNN in beiden Gruppen kann Hinweise auf das Abnehmen der Müdigkeit während der Lichtexposition liefern.

6.2.5 Melatonin

Es ergeben sich nach dem Aussortieren von Ausreißern 43 gültige Messwerte der Phasenverschiebung für die gesunde Probandengruppe mit einem Mittelwert von 27,3 Minuten und einer Standardabweichung von 29,7 Minuten. 20 Messwerte konnten für die bipolaren Probanden ausgewertet werden. Der Mittelwert beträgt hier 35,5 Minuten und die Standardabweichung rund 33,7 Minuten. Werden beide Gruppen mittels Zweistichproben t-Test verglichen, ergibt sich für t(61)=0,9267 ein p-Wert von 0,36. Bipolare Probanden weisen somit keine signifikant unterschiedliche Phasenverschiebung als gesunde Probanden auf.

6.2.6 Korrelationen zwischen den Messgrößen

Da in der Studie B während der Lichtexposition die Messwerte der Herzfrequenz, des PUI und des EEG parallel aufgezeichnet wurden, kann für diese Größen eine Korrelation ermittelt werden.

Für die Korrelation der Absolutwerte der Herzfrequenz und der Leistung im EEG konnte nur für das Beta-Frequenzband ein von Null signifikant unterschiedlicher Korrelationskoeffizient gefunden werden ($|r|=0{,}078; p=0{,}008$). Siehe hierzu Abbildung 6.19 a). Dies deckt sich mit der Hypothese, dass eine höhere Herzfrequenz eine erhöhte Aktivierung und damit auch Gehirnaktivität im oberen Frequenzbereich hervorruft. Für die Korrelation der relativen Herzfrequenzvariabilität (SDNN) mit relativen Pupillenunruhewerten (die Normierung erfolgt hierbei auf die Minute 5 bis 20 zu Beginn der Lichtexposition) ergibt sich ein positiver Wert für den Korrelationskoeffizienten $|r|=0{,}125$ und $p<0{,}0001$. Siehe hierzu Abbildung 6.19 b). Eine erhöhte Herzfrequenzvariabilität zeugt von einer stärkeren Aktivität des

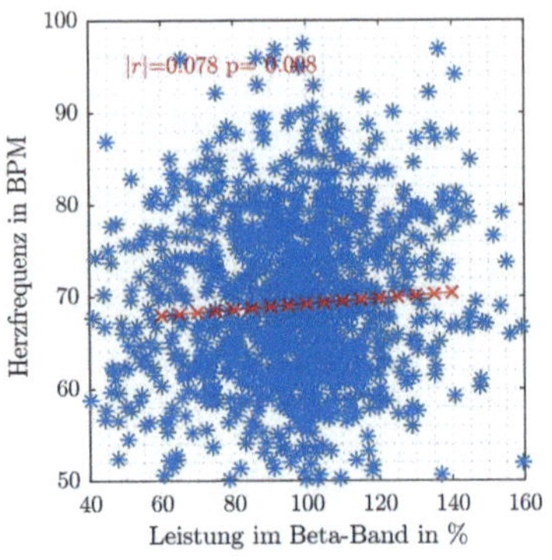

(a) Absolutwerte von Herzfrequenz und EEG-Leistung im Beta-Band

(b) Relativwerte von Herzfrequenzvariabilität und Pupillenunruhe

Abbildung 6.19: Korrelation der unterschiedlichen Messverfahren

Parasympathikus im Nervensystem. Inwiefern allerdings die Korrelation mit einer sich daraus ergebenden höheren Müdigkeit zu beurteilen ist, muss hinterfragt werden [181]. Einen Zusammenhang zwischen PUI und dem Wach-EEG wie in [92], konnte nicht nachgewiesen werden.

Es konnten nur die oben genannten relativ schwachen Korrelationen zwischen den untersuchten Messgrößen gefunden werden. Die Hormon- und KSS-Werte wurden nicht betrachtet. Bei einer sehr starken Korrelation wäre das Ersetzen einer komplex zu ermittelnden Messgröße durch eine leicht zu messende Größe möglich gewesen, beide wären untereinander austauschbar.

6.3 Reflexion der Ergebnisse an den Hypothesen

Das Hauptaugenmerk dieser Arbeit liegt auf der Methodenfindung sowie dem Herstellen der Vergleichbarkeit und Reproduzierbarkeit der Lichtexposition. Da dem Ingenieur nur bedingte Möglichkeiten der Interpretation medizinischer Zusammenhänge zur Verfügung stehen, werden die Ergebnisse nur sehr begrenzt diskutiert.

Hypothesen Studie A: Verstärkte Melatoninsuppression bei bipolaren Probanden unter blauem Licht im Vergleich zu gesunden Probanden. Gleichzeitig wird eine geringere Müdigkeit der bipolaren Probanden während der Blaulichtexposition erwartet.

Ergebnisse Studie A: Die in der Hypothese postulierten Effekte konnten experimentell nicht nachgewiesen werden. Die Melatoninsuppression von Bipolar-I-Patienten ist nicht signifikant größer als bei gesunden Probanden. Es zeigt sich eher eine Tendenz zum gegenteiligen Effekt, die Melatoninsuppression scheint bei gesunden Probanden etwas stärker ausgeprägt zu sein. Damit kohärent ist eine höhere Müdigkeit (höherer Theta-Anteil) der bipolaren Probanden im EEG während der blauen und roten Lichtexposition nachgewiesen worden. Während der roten Lichtexposition trat ein signifikant größerer Beta-Anteil im Vergleich zu blauer Lichtexposition bei gesunden Probanden auf. Die KSS-Werte weisen übereinstimmend mit den Melatonin- und EEG-Werten eine signifikant höhere Müdigkeit der bipolaren Probanden im Vergleich zu den Gesunden während der blauen Lichtexposition auf. In den, im Rahmen dieser Arbeit durchgeführten, Analysen wurden die Effekte der Medikamentation nur in den EEG-Werten betrachtet. Dort zeigt sich vor allem im Beta- und Gamma-Frequenzband, dass Histaminika-Präparate (bekannterweise) eine müdigkeitssteigernde Wirkung besitzen.

Hypothesen Studie B: Verstärkte circadiane Phasenverschiebung bei bipolaren Probanden durch Lichtexposition im Vergleich zu gesunden Probanden. Gleichzeitig wird eine geringere Müdigkeit der bipolaren Probanden während der Lichtexposition erwartet.

Ergebnisse Studie B: Die, in der Hypothese formulierte, Aussage einer höheren Phasenverschiebung bipolarer Probanden durch Lichtexposition am Abend wurde nicht nachgewiesen. Auch in dieser Studie zeigt sich eine generell höhere Müdigkeit der Bipolar-I-Patienten. Dies wurde mit der KSS, dem Pupillenunruheindex, der Herzfrequenz und im EEG mit Messwerten belegt. Der Einfluss der Medikamente spielt auch hier eine große Rolle, die Unterschiede im EEG zwischen den Probandengruppen sind zu großen Teilen auf die Einnahme von Antihistaminika zurückzuführen. Es konnte zusätzlich nachgewiesen werden, dass bei einer derartigen Studie die Nutzung einer individuellen Alpha-Frequenz für jeden Probanden nicht notwendig ist.

Für beide Studien müssen die Einflüsse weiterer aufgenommener Kovariablen wie Alter, Geschlecht, Aufstehzeit vor der Untersuchungsnacht, Chronotyp usw. auf die Messergebnisse überprüft werden, um weitere Rückschlüsse aus den Daten ziehen zu können. In einer nächsten Studie sollte die Gruppe der Erkrankten um deren erstgradige Angehörige erweitert werden, da diese die gleichen Genveranlagungen, jedoch nicht das Krankheitsbild, und damit keine das Ergebnis beeinflussende Medikamentation aufweisen.

7 Zusammenfassung

Um die rasante Weiterentwicklung aktueller Leuchtmittel und die aktuellen Erkenntnisse
zu den nichtvisuellen Wirkungen von Licht in Empfehlungen für die Beleuchtungsindustrie
umzusetzen sowie für neuartige Produkte verfügbar zu machen, wurde das vom Bundesministerium für Bildung und Forschung geförderten Verbundprojekt NiviL unter Beteiligung
verschiedener Universitäten (Kliniken) durchgeführt. Erforscht wurde die Modellbildung
der Ursache-Wirkung-Beziehung von Licht auf den Menschen. Es sollten Handlungsempfehlungen für die Nutzung von objektiven Kriterien zur Bewertung einer für den Anwender
sichtbar und nicht sichtbar angenehmen Beleuchtung gefunden werden. Dafür wurden
Möglichkeiten für die Beschreibung der nichtvisuellen Wirkungen untersucht und anhand
von spektral einstellbaren Lichtquellen in evidenzbasierten Probandenstudien validiert.

Studiendesign und Reproduzierbarkeit der Messungen

Um hochqualitative und publizierbare Ergebnisse zu erhalten, ist eine sorgfältige Studienpla-
nung unerlässlich. Die Studienpopulation, Messverfahren und Fallzahlplanung beeinflussen
wesentlich die Qualität der Messergebnisse. Die Anforderungen an ein gutes Studiendesign wurden durch den gewählten interdisziplinären Ansatz bestmöglich erfüllt und durch
ausführliche Studienprotokolle von allen Beteiligten umgesetzt.

Nach einer umfassenden Literaturrecherche und der Formulierung der Anforderungen an
die durchzuführenden Studien wurden vom Autor dieser Arbeit für mehrere Projektpartner
die Lichtexpositionseinheiten entworfen, entwickelt und aufgebaut. Das Ziel, eine sehr
gute Homogenität der Ausleuchtung sowie Flimmerfreiheit reproduzierbar zu erreichen,
wurde durch spezielle, mit neuartigen Konzepten entwickelte LED-Platinen und dazu
passenden Stromquellen mit intelligenter Konstantstrom- und PWM-Dimmung erreicht.
Im „Teilprojekt Dresden" konnte durch eine Farbortregelung in der ersten Studie und
eine pupillengrößenabhängige Leuchtdichteregelung in der zweiten Studie eine optimale
Versuchsdurchführung durch die Eliminierung unerwünschter Einflussfaktoren wie Helligkeitsschwankungen oder unterschiedliche Pupillengrößen gewährleistet werden. Auch dieses
Regelungsverfahren ist neuartig und nicht Stand der Technik. Ein fehlerfreier Betrieb der
Beleuchtungseinheiten während der Projektlaufzeit war bei allen Projektpartnern gegeben.
Es erfolgte eine exakte Dokumentation der Expositionsparameter, mit denen es möglich
ist, die Studie zu replizieren.

Ergebnisse der Studien

Die in den Hypothesen postulierten Effekte konnten experimentell nicht nachgewiesen werden. Die durch Lichtexposition ausgelöste Melatoninsuppression von Bipolar-I-Patienten ist nicht signifikant größer als bei gesunden Probanden. Es zeigt sich eher eine Tendenz zum gegenteiligen Effekt. Die Melatoninsuppression scheint bei gesunden Probanden etwas stärker ausgeprägt zu sein. Damit kohärent ist eine erhöhte Müdigkeit (höherer Theta-Anteil im EEG) der bipolaren Probanden während der blauen und roten Lichtexposition. Für die lichtinduzierte Phasenverschiebung der inneren Uhr wurde kein signifikanter Unterschied zwischen den Probandengruppen gefunden. Der Einfluss der Medikamentation spielt in der Gruppe der Erkrankten eine große Rolle. Die Unterschiede im EEG zwischen den Probandengruppen sind zu großen Teilen auf die Einnahme von Antihistaminika zurückzuführen. Es müssen zusätzlich die Einflüsse weiterer aufgenommener Kovariablen wie Alter, Geschlecht, Aufstehzeit vor der Untersuchungsnacht, Chronotyp usw. auf die Messergebnisse überprüft werden, um weitere Rückschlüsse aus den Daten ziehen zu können. Um mögliche Medikamenteneinflüsse besser einschätzen zu können sollten in einer nächsten Studie die Probandengruppen um erstgradige Angehörige von bipolaren Probanden erweitert werden. Diese weisen nicht das Krankheitsbild und damit keine eventuell beeinflussende Medikamentation, aber die gleichen Genveranlagungen auf.

Bewertung der genutzten Messverfahren

Im Folgenden werden die genutzten (medizinischen) Messverfahren zur Quantifizierung nichtvisueller Lichtwirkungen hinsichtlich Anwendbarkeit in einem Ingenieursumfeld und den erzielten Ergebnissen bewertet:

EEG: Um ein EEG von einem Probanden aufzuzeichnen, werden Geräte im Wert von mehreren tausend Euro benötigt. Das Anlegen der Elektroden dauert je nach Elektrodenanzahl ca. 15 bis 30 Minuten und muss durch geschultes oder eingewiesenes Personal erfolgen. Die Probanden sollten sich während der Datenaufzeichnung wenig bewegen und nicht schwitzen, um eine gute Kontaktierung der Elektroden zu gewährleisten. Durch jede Bewegung werden Artefakte in den EEG-Daten erzeugt, die bei der Auswertung detektiert und entfernt werden müssen. Die Datenauswertung muss auf das Versuchsdesign angepasst sein und kann automatisiert durchgeführt werden. Konkrete Aussagen über Veränderungen im Aktivierungsniveau oder in der Müdigkeit im Vergleich zu einer zweiten Probandengruppe oder Lichtbedingung erfordert eine tiefe Kenntnis der neuronalen Zusammenhänge im Gehirn. Mithilfe der in dieser Arbeit aufgestellten Systematisierung der EEG-Datenauswertung kann eine Vereinheitlichung der Vorgehensweise stattfinden. Dies würde die Nutzung des EEGs und evtl. auch die Interpretation der Ergebnisse vereinfachen.

Pupillographie: Die Ermittlung des Pupillenunruheindex beruht auf einfachen mathematischen Zusammenhängen und kann automatisiert durchgeführt werden. Die Software zur Detektion und Vermessung der Pupille aus Kamerabildern, als auch kommerzielle Messplätze für die Messung des PUI sind kommerziell gut verfügbar. Die benötigte Hardware ist mit ca. tausend Euro pro Versuchsplatz relativ günstig. Die Messung muss nicht kontinuierlich erfolgen und benötigt keine Vorbereitungszeit für den Probanden. Gleichzeitig kann der gemessene Pupillendurchmesser für die Steuerung der Leuchtdichte der Versuchsleuchte genutzt und ein Weittropfen der Pupille vermieden werden.

Herzfrequenz: Um die Herzfrequenz oder analog den Puls zu messen, können verschiedene kostengünstige Verfahren eingesetzt werden. Denkbar ist auch ein Einsatz eines kamerabasierten, kontaktlosen photoplethysmography Systems in Kombination mit der Pupillographie. Aus der aktuellen Herzfrequenz können leicht weitere Messwerte, wie die

Herzratenvariabilität, abgeleitet werden. Inwieweit die Daten dann für eine Beurteilung der Auswirkungen der Lichtexposition nutzbar sind, muss weiter untersucht werden.

Melatonin: Für die sichere Bestimmung des aktuellen circadianen Rhythmus eines Probanden während eines Experiments, sind mehrere Blutproben für die Melatoninanalyse in kurzer Abfolge abzunehmen. Dafür ist ein Venenzugang nötig. Für diesen muss zwingend medizinisch ausgebildetes Personal eingesetzt werden. Melatoninwerte aus Speichelproben zu bestimmen ist einfacher, jedoch sind die Messwerte viel weniger robust und der Melatoninspiegel wird nur verzögert abgebildet. Beide Methoden benötigen ein komplexes Ethikvotum und komplexe Laboranalysen. Für die Auswertung einer Blutprobe mittels eines Radioimmunassay kosten die eingesetzten Chemikalien allein rund 10 Euro.

KSS-Werte: Die KSS wird als Selbstauskunftsskala in vielen Studien genutzt und stellt ein einfach zu handhabendes Standardinstrument dar. Die Erhebung der Daten geht sehr schnell und ihre Auswertung ist unkompliziert. Das Rauschen in den Daten ist jedoch hoch, da einige Probanden sich im Verlauf einer Studiennacht ohne Intervention als sehr wach, sehr schläfrig und erneut sehr wach einschätzen können. Um diese Ausreißer zu kompensieren ist eine große Probandenzahl (mindestens 30) nötig, ansonsten können kleine auftretende Effekte nicht detektiert werden.

Reflexion am postulierten Modell

Um eine unbekannte Übertragungsfunktion des in Abbildung 2.13 in Kapitel 2.3.2 aufgestellten Modells aus den in diesen durchgeführten Studien ermittelten Eingangs- und Ausgangsdaten aufstellen zu können, reichen die gesammelten Informationen nicht aus. Die Rückwirkungen der Teilsysteme untereinander und der Einfluss sehr vieler nicht in der Studie kontrollierbarer Parameter machen eine Modellierung hochkomplex. Ein weiteres Vereinfachen und Zerlegen in kleine Teilsysteme mit Studien unter sehr kontrollierten Bedingungen ist nötig, um sichere Aussagen bezüglich einzelner Komponenten treffen zu können.

Ausblick

Die in einem interdisziplinären Umfeld durchgeführten medizinischen Studien offenbarten einerseits großes Potential, stellten andererseits aber auch hohe Anforderungen an alle Beteiligten. Während die medizinische Forschung in der Regel auf Studien mit nachfolgender statistischer Auswertung setzt, versuchen die Technikwissenschaften meist über eine Modellbildung mit umfassender analytischer und numerischer Bearbeitung und nachfolgenden Praxistests zum Erfolg zu kommen. Im durchgeführten Projekt sollen die Ergebnisse letztendlich zu einem Erkenntnisgewinn im Bereich der nichtvisuellen Wirkungen von Licht führen. Die in dieser Arbeit verwendeten Methoden können für weitere Forschung auf diesem Gebiet als Vorlage dienen. Die KSS, ausgewählt für ihre einfache Anwendbarkeit für große Probandenzahlen, als auch die Messung des Pupillenunruheindex (PUI), nutzbar als leicht auswertbarer „interner" Müdigkeitsmarker, können empfohlen werden. Für die Messung des PUI sind kommerzielle, tragbare Geräte erhältlich und die Messdauer ist gering. Falls nötig, kann über eine Rückkoppelschleife die Expositionsbedingung an die Pupillengröße angepasst und damit eine gleiche Exposition der Retina aller Probanden erreicht werden. Die Auswertung von Herzfrequenz oder Pulsdaten erfordert medizinische Fachkenntnis in der Evaluation der verschiedenen Herzratenvariabilitätsparameter. EEG-Messungen werden als Goldstandard für die Ermittlung von Erregungszuständen im Hirn angesehen. Die Auswertung und Interpretation der aufgezeichneten Daten ist jedoch hoch komplex und das Studiendesign muss auf diese Messungen angepasst sein. Die in dieser Arbeit aufgestellte Systematik für EEG-Messungen kann zur Vereinheitlichung genutzt werden. Um signifikante Zusammenhänge oder Unterschiede nachweisen zu können, spielt die statistische Auswertung der erhobenen Daten eine sehr große Rolle. Diese sollte von Biometrikern zumindest unterstützt werden, da es für das mathematisch-statistische Vorgehen nicht nur eine „richtige" Lösung gibt.

Sehr grundsätzliche Auswirkungen von unterschiedlichen Lichtspektren auf den Menschen sind bereits nachgewiesen. Die Effekte werden von der CIE in kommenden Richtlinien und Empfehlungen an die Leuchtenentwickler weitergegeben. Durch die sich rasant entwickelnde LED- und OLED-Technologie sind spektral über den Tagesverlauf einstellbare Leuchten kostengünstig und universell einsetzbar geworden. Durch konkrete an diese Leuchten gerichtete Anforderungen wie eine gute Farbwiedergabe, über die aktuelle Norm hinausgehende Helligkeit und eine Unterstützung des jeweiligen circadianen Rhythmus kann die in dieser Arbeit eingangs formulierte These:

Nicht nur Sehen und Erkennen, Licht kann mehr!

Wirklichkeit werden.

Literatur

[1] Bass, M.; Enoch, J.; Wolfe, W. L.: **Handbook of Optics**. 3. Aufl. Mcgraw Hill Book Co, 2009.

[2] Rea, M. S.: **Iesna Lighting Handbook**. 9. Aufl. Illuminating Engineering Society of North America, 2000.

[3] Baer, R.; Seifert, D.; Barfuß, M.: **Beleuchtungstechnik: Grundlagen**. 4. Aufl. LiTG Deutsche Lichtechnik Gesellschaft e.V., 2016.

[4] Khanh, T. Q.; Bodrogi, P.; Vinh, T. Q.; Winkler, H.: **LED Lighting: Technology and Perception**. 1. Aufl. John Wiley, 2014.

[5] Yaguchi, H.: **CIE 2017 Colour fidelity index**. Proceedings of CIE 2017 Conference, Jeju, Korea 2017, Bd. 1.

[6] CIE: **Commission Internationale de l'Eclairage Colorimetry CIE 015:2004**. 3. Aufl. CIE, 2004.

[7] McCamy, C. S.: **Correlated color temperature as an explicit function of chromaticity coordinates**. Color Research and Application, Apr. 1992, Bd. 17, Nr. 2, S. 142–144.

[8] Hernández-Andrés, J.; Lee, R. L.; Romero, J.: **Calculating correlated color temperatures across the entire gamut of daylight and skylight chromaticities**. Applied optics, Sep. 1999, Bd. 38, Nr. 27, S. 5703–9.

[9] Round, H. J.: **A Note on Carborundum**. Electrical World 309 1907, S. 879.

[10] Schubert, E. F.: **History of light-emitting diodes**. Cambridge University Press, 2005.

[11] Elektor Magazin: **Rekord: Hoechster LED-Wirkungsgrad in der Serienproduktion von Nichia [Online]**. Stand 11.04.2017. URL: https : / / www . elektormagazine . de / news / rekord - hochster - led - wirkungsgrad - in - der - serienproduktion-von-nichia.

[12] Narukawa, Y.; Ichikawa, M.; Sanga, D.; Sano, M.; Mukai, T.: **White light emitting diodes with super-high luminous efficacy**. Journal of Physics D: Applied Physics 2010, Bd. 43, Nr. 35, S. 354002.

[13] Murphy, T. W.: **Maximum spectral luminous efficacy of white light**. Journal of Applied Physics 2012, Bd. 111.

[14] Fu, H.; Lu, Z.; Zhao, X. H.; Zhang, Y. H.; DenBaars, S. P.; Nakamura, S.; Zhao, Y.: **Study of low-efficiency droop in semipolar (2021) InGaN light-emitting diodes by time-resolved photoluminescence**. Journal of Display Technology 2016, Bd. 12, Nr. 7, S. 736–741.

[15] Piprek, J.: **III-Nitride LED efficiency droop models: A critical status review**. 13th International Conference on Numerical Simulation of Optoelectronic Devices, NUSOD 2013 2013, S. 107–108.

[16] Nakamura, S.; Chichibu, S. F.: **Introduction to nitride semiconductor blue lasers and light emitting diodes**. CRC PRESS, 2000.

[17] Allen, S. C.; Steckl, A. J.: **A nearly ideal phosphor-converted white light-emitting diode**. Applied Physics Letters 2008, Bd. 92, Nr. 14, S. 143309.

[18] Cree: **Cree LMR4 LED Module with TrueWhite Technology**. Datenblatt. CLM-DS01 LMR4 Rev 6E. 2016.

[19] Reifegerste, F.: **Modellierung und Entwicklung neuartiger halbleiterbasierter Beleuchtungssysteme**. Dissertation, Technische Universität Dresden, 2009.

[20] LG Display OLED: **OLED light Panel User Guide**. v3. 2017.

[21] Joep Jacobs, D. H.: **Drivers for OLED**. IEEE, 2007.

[22] Yuto Tomita, C. M.: **Highly efficient p-i-n-type organic light emitting diodes on ZnO:Al substrates**.

[23] Herm, M.: **Potentielle Lochleiter auf Alkinbasis für organische Lumineszenzdioden**. Dissertation, Martin-Luther-Universität Halle-Wittenberg, 2003.

[24] Imlau, M.: **Optische Materialien, Vorlesungsskript**. Universität Osnabrück, 2004.

[25] Wieland, F.: **Modellbildung und Ansteuerung organischer Leuchtdioden**. Diplomarbeit, Technische Universität Dresden, 2010.

[26] Schulte, M.: **Anorganisch / organische Halbleiter-Schichtsysteme: Elektronische Eigenschaften und magnetische Resonanz**. Magisterarb., 1998.

[27] Rosado, P.: **OLEDs, Seminarvortrag**. Technische Universität Berlin, 2008.

[28] Leo, K.; Reineke, S.: **Leuchtende Zukunft für effiziente weiße OLEDs**. Optik & Photonik, WileyVCH Verlag, 2010.

[29] Antoniadis, H.: **Overview of Oled Display Technologie**. Osram, 2004.

[30] Voelker, S.; Rothert, I.: **Wie kann Licht meine Arbeitsmotivation beeinflussen?** Vortrag, Fachgebiet Lichttechnik, TU Berlin 2016.

[31] Bommel, W.; Beld, G.; Fassian, M.: **Beleuchtung am Arbeitsplatz: Visuelle und biologische Effekte**. Journal, Philips AEG Licht GmbH, Springe, Deutschland 2004.

[32] Bommel, W.; Beld, G.; Ooyen, M.: **Industrial lighting and productivity**. Philips Lighting, The Netherlands 2002.

[33] Juslen, H.: **Lighting, Produktivity and prefered Illuminances - Field studies in the industrial Enviroment**. Dissertation, Helsinki University of Technology, Lighting Laboratory Espoo, 2007.

[34] Fleischer, S.: **Die psychologische Wirkung veränderlicher Kunstlichtsituationen auf den Menschen**. Dissertation, ETH Zürich, 2001.

[35] Stapel, J.; Heimpold, T.; Reifegerste, F.; Drechsel, S.; Lienig, J.: **Welches Licht darf es sein?** Tagungsband Licht 2014, Den Haag, Niederlande 2014.

[36] Szarafanowicz, S.; Beck, S.; Khanh, T.: **Estimation and first ageing results of colour sensors for a feedback control in multichannel LED-luminaires**. Tagungsband Licht 2016, Karlsruhe.

[37] Krauspe, C.: **Entwicklung einer spektral programmierbaren Leuchte auf LED Basis, Abschlussbericht**. Leuchten Manufactur Wurzen GmbH 2012.

[38] Mentor: **M-TUBE, tunable white, color light system**. Datenblatt.

[39] Lee, A. T. L.; Chen, H.; Tan, S.-c.; Member, S.; Hui, S. Y. R.: **Precise Dimming and Color Control of LED Systems Based on Color Mixing**. IEEE Transactions on Power Electronics 2016, Bd. 31, Nr. 1, S. 65–80.

[40] Göpfert, R.; Hipp, N.; Zibold, A.; Kunzer, M.; Ambacher, O.: **LED-Leuchte mit aktiver Farbortregelung für die biologisch wirksame Beleuchtung**. Tagungsband: VDE-Kongress 2016 – Internet der Dinge 2016.

[41] Thomas Nimz Fredrik Hailer, K. J.: **Sensors and Feedback Control of Multi-Color LED Systems**. LED Professional Review 2012.

[42] Hailer, F.: **Optimization of Absolute Accuracy for True Color Sensors in a Closed Control Loop**. LED Professional Review 2012.

[43] MaZeT GmbH: **Colour Measurement With MCS3 and MCSi Colour Sensors**.

[44] MaZeT GmbH: **Farbkonstante LED Systeme mit True Color Sensoren**.

[45] Kropf, B.: **AN16035 Firmware - RGB Color Mixing Firmware for EZ-Color**. Datenblatt. Cypress. 2010.

[46] Gulati, A.: **AN51188, Multi Channel Color Mixing Using HB LEDs**. Cypress. 2011.

[47] Martis, J.: **AN1257, Closed Loop Chromaticity Control: Interfacing a Digital RGB Color Sensor to a PIC24 MCU**. Microchip. 2009.

[48] Weiß, H.; Afshar, F.; Bergenek, K.; Weckbecker, M.: **Multi-channel spot light engine for highest light quality**. Tagungsband Licht 2016 2016.

[49] Bundesministerium für Bildung und Forschung: **FEEDLED, Feedback-Systeme für intelligente LED-basierte Leuchten [Online]**. Stand 2017-12-12. URL: http://www.elektronikforschung.de/projekte/feedled.

[50] Rhätische Bahn AG: **Die RhB präsentiert den neuen Albula-Gliederzug [Online]**. Stand 2017-12-12. URL: https://www.rhb.ch/de/news-events/news/ details/die-rhb-praesentiert-den-neuen-albula-gliederzug.

[51] Infineon Technologies Austria AG: **Power Management Selection Guide**. Infineon. 2017.

[52] Sauerländer, G.; Hente, D.; Radermacher, H.; Waffenschmidt, E.; Jacobs, J.: **Driver electronics for LEDs**. Conference Record - IAS Annual Meeting, IEEE Industry Applications Society 2006, Bd. 5, Nr. c, S. 2621–2626.

[53] Gu, Y.; Narendran, N.; Dong, T.; Wu, H.: **Spectral and Luminous Efficacy Change of High-power LEDs Under Different Dimming Methods**. Proceedings, Conference on Solid State Lighting, San Diego, USA, Aug. 2006, 63370J– 63370J–7.

[54] Polin, D.: **Flimmereffekte von LED-Beleuchtung**. Dissertation, TU Darmstadt, 2015, S. 141.

[55] Thapan, K.; Arendt, J.; Skene, D. J.: **An action spectrum for melatonin suppression: evidence for a novel non-rod, non-cone photoreceptor system in humans**. The Journal of physiology, Aug. 2001, Bd. 535, Nr. Pt 1, S. 261–7.

[56] Brainard, G. C.; Hanifin, J. P.; Greeson, J. M.; Byrne, B.; Glickman, G.; Gerner, E.; Rollag, M. D.: **Action spectrum for melatonin regulation in humans: evidence for a novel circadian photoreceptor.** The Journal of neuroscience, Aug. 2001, Bd. 21, Nr. 16, S. 6405–12.

[57] Campbell, S.; Andrew, D.: **Enhancement of Nighttime Alertness and Performance With Bright Ambient Light**. Physiol Behavior 1990, Bd. 48, S. 317– 320.

[58] Badia, P.; Myers, B.; Boecker, M.; Culpepper, J.; Harsh, J. R.: **Bright light effects on body temperature, alertness, EEG and behavior.** Physiology & behavior 1991, Bd. 50, Nr. 3, S. 583–588.

[59] Cajochen, C.; Kräuchi, K.; Danilenko, K. V.; Wirz-Justice, A.: **Evening administration of melatonin and bright light: Interactions on the EEG during sleep and wakefulness.** Journal of Sleep Research 1998, Bd. 7, Nr. 3, S. 145–157.

[60] Daurat, A.; Foret, J.; Benoit, O.; Mauco, G.: **Bright light during nighttime: effects on the circadian regulation of alertness and performance**. Biological Signals and Receptors 2000, Bd. 1, S. 309–318.

[61] Cajochen, C.; Zeitzer, J. M.; Czeisler, C. a.; Dijk, D. J.: **Dose-response relationship for light intensity and ocular and electroencephalographic correlates**

of human alertness. Behavioural brain research, Okt. 2000, Bd. 115, Nr. 1, S. 75–83.

[62] Okamoto, Y.; Rea, M. S.; Figueiro, M. G.: **Temporal dynamics of EEG activity during short- and long-wavelength light exposures in the early morning.** BMC research notes 2014, Bd. 7, Nr. 1, S. 113.

[63] Kunz, D.: **Wirkung des Lichts auf den Menschen.** licht.wissen 19 2010.

[64] Figueiro, M. G.; Bullough, J. D.; Bierman, A.; Fay, C. R.; Rea, M. S.: **On light as an alerting stimulus at night.** Acta Neurobiologiae Experimentalis 2007, Bd. 67, S. 171–178.

[65] Figueiro, M. G.; Bierman, A.; Plitnick, B.; Rea, M. S.: **Preliminary evidence that both blue and red light can induce alertness at night.** BMC neuroscience, Jan. 2009, Bd. 10, S. 105.

[66] Kronauer, R. E.; Czeisler, C. A.; Pilato, S. F.; Moore-Ede, M. C.; Weitzman, E. D.: **Mathematical model of the human circadian system with two interacting oscillators.** American Journal of Physiology - Regulatory, Integrative and Comparative Physiology 1982, Bd. 242, Nr. 1.

[67] Rea, M. S.; Figueiro, M. G.; Bullough, J. D.; Bierman, A.: **A model of photo-transduction by the human circadian system.** Brain research reviews, Aug. 2005, Bd. 50, Nr. 2, S. 213–28.

[68] Zhang, J.; Bierman, A.; Wen, J. T.; Julius, A.; Figueiro, M.: **Circadian System Modeling and Phase Control.** 49th IEEE Conference on Decision and Control 2010.

[69] Jewett, M. E.; Forger, D. B.; Kronauer, R. E.: **Revised Limit Cycle Oscillator Model of Human Circadian Pacemaker.** Journal of Biological Rhythms 1999, Bd. 14, Nr. 6.

[70] Rothert, I.; Wieland, F.; Niedling, M.; Völker, S.: **Einfluss des Lichts auf die Aufmerksamkeit des Menschen am Tag.** Lux junior, S. 1–10.

[71] Spitschan, M.; Jain, S.; Brainard, D. H.; Aguirre, G. K.: **Opponent melanopsin and S-cone signals in the human pupillary light response** 2014, Bd. 2014.

[72] Hattar, S.; Liao, H.-W.; Takao, M.; Berson, D. M.; Yau, K.-W.: **Melanopsin-Containing Retinal Ganglion Cells: Architecture, Projections, and Intrinsic Photosensitivity.** Science 2002, Bd. 295, Nr. 5557, S. 1065–1070.

[73] Hattar, S.; Kumar, M.; Park, A.; Tong, P.; Tung, J.; Yau, K.-W.; Berson, D. M.: **Central projections of melanopsin-expressing retinal ganglion cells in the mouse.** The Journal of Comparative Neurology 2006, Bd. 497, Nr. 3, S. 326–349.

[74] Bundesministerium für Bildung und Forschung: **Projektbeschreibung Nichtvisuelle Lichtwirkungen (NiviL), Photonik Forschung Deutschland „Intelligente Beleuchtung", 2014.**

[75] Rothert, I.: **Beleuchtungsstärke vs. Spektrum - Wie lässt sich die Aufmerksamkeit energieeffizient steigern?, Vortrag Konferenz Licht 2016.** 2016.

[76] Hallam, K. T.; Begg, D. P.; Olver, J. S.; Norman, T. R.: **Abnormal dose-response melatonin suppression by light in bipolar type I patients compared with healthy adult subjects.** Acta Neuropsychiatrica, Okt. 2009, Bd. 21, Nr. 5, S. 246–255.

[77] Lewy, A.; Nurnberger, J. I.; Becker, L. E.; Newsome, A.: **Supersensitivity to light: possible trait marker for manic-depressive illness.** 1985, S. 725–727.

[78] Lewy, A.; Wehr, T. a.; Goodwin, F. K.; Newsome, D. a.; Rosenthal, N. E.: **Manic-depressive patients may be supersensitive to light.** Lancet 1981, Bd. 1, S. 383–384.

[79] Nathan, P. J.; Burrows, G. D.; Norman, T. R.: **Melatonin sensitivity to dim white light in different seasons.** Human Psychopharmacology 1999, Bd. 14, Nr. 99, S. 53–58.

[80] OLBRICH know how: **Bild von Lichttherapiegerät Sunlight SLT Pro[Online].** Stand 2017-01-24. URL: http://www.olbrich-hemer.de/wp-content/uploads/tischgeraet-21.jpg.

[81] Lucimed: **Bild von Lichttherapiegerät Luminette [Online].** Stand 2017-01-24. URL: https://www.myluminette.com/de/luminette.

[82] Philips: **Bild von Lichttherapiegerät Philips HF 3419 [Online].** Stand 2017-01-24. URL: http://www.philips.de/c-p/HF3419_01/energyup-energylight.

[83] Fraunhofer Institut für Bauphysik IBP: **Entspannter Fliegen durch biologisch wirksames Licht Partner aus Wissenschaft und Industrie erforschen Grundlagen für die nächste Generation der Kabinenbeleuchtung.** Presseinformation 2012.

[84] Völker, S.: **Eignung von Methoden zur Ermittlung eines notwendigen Beleuchtungsniveaus.** Dissertation, TU Ilmenau 1999.

[85] Bieske, K.; Vandahl, C.; Schierz, C.: **Projekt Licht und Gesundheit - Feldstudie in Industriebetrieben.** TU Ilmenau 2011.

[86] Souman, J. L.; Tinga, A. M.; Pas, S. F. te; Ee, R. van; Vlaskamp, B. N.: **Acute alerting effects of light: A systematic literature review.** Behavioural Brain Research 2017, Bd. 337, Nr. September 2017, S. 228–239.

[87] Iodice, M.; Jost, S.; Dumortier, D.; Gronfier, C.: **An experimental protocol to objectively characterize discomfort glare using physiological measurementS.** Proceedings of CIE 2017 Conference, Jeju, Korea 2017, Bd. 1.

[88] Stuiber, Gitta: **Studie zur Untersuchung der Auswirkungen von Koffein auf den Pupillographischen Schläfrigkeitstest bei gesunden Probanden.** Dissertation, Eberhard Karls Universität zu Tübingen, 2006.

[89] Lowenstein, O.; Feinberg, R.; Loewenfeld, I. I. E.: **Pupillary Movements During Acute and Chronic Fatigue A New Test for the Objective Evaluation of Tiredness**. Investigative Ophthalmology & ... 1963, Bd. 2, Nr. 1, S. 138–158.

[90] Lüdtke, H.; Wilhelm, B.; Adler, M.; Schaeffel, F.; Wilhelm, H.: **Mathematical procedures in data recording and processing of pupillary fatigue waves**. Vision Research 1998, Bd. 38, Nr. 19, S. 2889–2896.

[91] Weeß, H. u. a.: **Vigilanz, Einschlafneigung, Daueraufmerksamkeit, Müdigkeit, Schläfrigkeit - Diagnostische Instrumentarien zur Messung müdigkeits- und schläfrigkeitsbezogener Prozesse und deren Gütekriterien**. Somnologie 2000, Bd. 4, Nr. 1, S. 20–38.

[92] Regen, F.: **Dissertation: Assoziation zwischen Pupillen-Unruhe-Index (PUI) und Korrelaten des zentralnervösen Aktivierungsniveaus im Wach-EEG**. Dissertation, Charite – Universitätsmedizin Berlin, 2009.

[93] Szabó, Z.; Tokaji, Z.; Kálmán, J.; Oroszi, L.; Pestenácz, A.; Janka, Z.: **The effect of bright light exposure on pupillary fluctuations in healthy subjects**. Journal of Affective Disorders 2004, Bd. 78, Nr. 2, S. 153–156.

[94] Bittner, E.: **Variabilität der spontanen Pupillenoszillationen**. Dissertation, Eberhard Karls Universität zu Tübingen, 2004.

[95] Wilhelm, B.; Ko, A.; Heldmaier, K.; Moll, K.; Wilhelm, H.; Lu, H.: **Normwerte des pupillographischen Schläfrigkeitstests für Frauen und Männer zwischen 20 und 60 Jahren**. Somnologie 2001.

[96] Keller, P. M.: **Untersuchung der Pupillenreaktion und -oszillation an einem Normkollektiv mittels Compact Integrated Pupillograph (CIP) der Firma AMTe**. Dissertation, Ruhr-Universität Bochum, 2004.

[97] Krajewski, J.; Schnupp, T.: **Pattern recognition methods: a novel analysis for the pupillographic sleepiness test**. Proceedings of the 7th International Conference on Methods and Techniques in Behavioral Research 2010, Bd. 2010, S. 459–462.

[98] Warga, M. R.: **Spontanoszillationen der Pupillenweite : Untersuchung unter konstanten Beleuchtungsbedingungen bei unterschiedlicher zentralnervöser Aktivierung**. Dissertation, Eberhard Karls Universität zu Tübingen, 2002.

[99] Steer-Reeh, A.: **Wirkung von farbigem Licht auf die Herzfrequenzvariabilität und den Puls-Atem-Quotienten gesunder Probanden**. Dissertation, Medizinischen Fakultät Universität zu Tübingen 2012.

[100] Association, A. H.: **Guidelines Heart rate variability**. European Heart Journal 1996, S. 354–381.

[101] Billman, G. E.; Huikuri, H. V.; Sacha, J.; Trimmel, K.: **An introduction to heart rate variability : methodological considerations and clinical applications**. Frontiers in Physiology 2015, Bd. 6, Nr. February, S. 2013–2015.

[102] Zaunseder, S., Institut für Biomedizintechnik, Schwerpunkt Biosignalverarbeitung: **Persönliche Aufzeichnungen angefertigt im Rahmen mehrer Treffen**. 2017.

[103] Kroetz, S.; Stefani, O.; Pross, A.: **Wirkung von dynamischer Beleuchtung auf Herzratenvariabilität und Wohlbefinden**. Tagungsband Licht 2016 2016.

[104] Sülflow, D.: **Wirkung von kurzwelligem Licht auf Befindlichkeit und Melatoninsynthese bei gesunden Probanden in den Abendstunden unter Berücksichtigung des Chronotypus und des Geschlechtes**. Dissertation, Medizinischen Fakultät Charite – Universitätsmedizin Berlin 2015.

[105] Torbjörn Akerstedt, M. G.: **Subjective and Objective Sleepiness in the Active Individual**. Intern. J. Neuroscience, 1990, Bd. 52, S. 29–37.

[106] Kaida, K.; Takahashi, M.; Akerstedt, T.; Nakata, A.; Otsuka, Y.; Haratani, T.; Fukasawa, K.: **Validation of the Karolinska Sleepiness Scale against performance and EEG variables**. Clinical Neurophysiology 2006.

[107] Chang, A.-m.; Santhi, N.; Hilaire, M. S.; Gronfier, C.; Bradstreet, D. S.; Duffy, J. F.; Lockley, S. W.; Kronauer, R. E.; Czeisler, C. A.: **Human responses to bright light of different durations** 2012, Bd. 13, S. 3103–3112.

[108] Zschocke, S.; Hansen, H.-C.: **Klinische Elektroenzephalographie**. 2. Aufl. Springer, 2002.

[109] Sanei, S.; Chambers, J. A.: **EEG Signal Processing**. 1. Aufl. John Wiley, 2007.

[110] Tamm, S.: **Hochaufgelöste Zeit-Frequenz-Analysen ereigniskorrelierter EEG-Oszillationen mittels S-Transformation**. Disseration, Freie Universität Berlin, 2005.

[111] Strijkstra, A. M.; Beersma, D. G. M.; Drayer, B.; Halbesma, N.; Daan, S.: **Subjective sleepiness correlates negatively with global alpha (8-12 Hz) and positively with central frontal theta (4-8 Hz) frequencies in the human resting awake electroencephalogram**. Neuroscience Letters 2003, Bd. 340, Nr. 1, S. 17–20.

[112] Hegerl, U.: **Vigilance Algorithm Leipzig VIGALL Manual** 2017, S. 1–49.

[113] Klimesch, W.: **EEG alpha and theta oscillations reflect cognitive and memory performance: A review and analysis**. Brain Research Reviews 1999, Bd. 29, Nr. 2-3, S. 169–195.

[114] Klimesch, W.; Doppelmayr, M.; Schimke, H.; Pachinger, T.: **Alpha frequency, reaction time, and the speed of processing information**. Journal of clinical neurophysiology : official publication of the American Electroencephalographic Society 1996, Bd. 13, Nr. 6, S. 511–8.

[115] Klimesch, W.; Doppelmayr, M.; Russegger, H.; Pachinger, T.; Schwaiger, J.: **Induced alpha band power changes in the human EEG and attention**. Neuroscience letters 1998, Bd. 244, S. 73–76.

[116] Vyazovskiy, V., Department of Physiology, Anatomy and Genetics, University of Oxford: **Persönliche Aufzeichnungen angefertigt im Rahmen eines Treffens.** 20. Juni 2017.

[117] Doppelmayr, M.; Klimesch, W.; Pachinger, T.; Ripper, B.: **Individual differences in brain dynamics: important implications for the calculation of event-related band power.** Biological Cybernetics 1998, Bd. 79, Nr. 1, S. 49–57.

[118] Moretti, D. V.; Paternicò, D.; Binetti, G.; Zanetti, O.; Frisoni, G. B.: **EEG upper/low alpha frequency power ratio relates to temporo-parietal brain atrophy and memory performances in mild cognitive impairment.** Frontiers in Aging Neuroscience 2013, Bd. 5, Nr. OCT, S. 1–15.

[119] Haegens, S.; Cousijn, H.; Wallis, G.; Harrison, P. J.; Nobre, A. C.: **Inter- and intra-individual variability in alpha peak frequency.** NeuroImage 2014, Bd. 92, S. 46–55.

[120] Tirsch, W.: **Biomedizinische Relevanz der quantitativen EEG-Analyse, Dissertation** 2007.

[121] Jung, T. P.; Makeig, S.; Stensmo, M.; Sejnowski, T. J.: **Estimating alertness from the EEG power spectrum.** IEEE Transactions on Biomedical Engineering 1997, Bd. 44, Nr. 1, S. 60–69.

[122] Lockley, S. W.; Evans, E. E.; Scheer, F. a. J. L.; Brainard, G. C.; Czeisler, C. a.; Aeschbach, D.: **Short-wavelength sensitivity for the direct effects of light on alertness, vigilance, and the waking electroencephalogram in humans.** Sleep 2006, Bd. 29, Nr. 2, S. 161–168.

[123] Ahirwal, M. K.: **Power Spectrum Analysis of EEG Signals for Estimating Visual Attention.** Int. J. Comput. Appl. 2012, Bd. 42, Nr. 15, S. 22–25.

[124] Yokoi, M.; Aoki, K.; Shimomura, Y.; Iwanaga, K.; Katsuura, T.: **Effect of bright light on EEG activities and subjective sleepiness to mental task during nocturnal sleep deprivation.** Journal of physiological anthropology and applied human science 2003, Bd. 22, Nr. 6, S. 257–263.

[125] To, K.; Gottselig, J. M.; Khatami, R.; Landolt, H.-p.; Re, J. V.; Achermann, P.; Buckelmu, I.: **Caffeine Attenuates Waking and Sleep Electroencephalographic Markers of Sleep Homeostasis in Humans** 2004, S. 1933–1939.

[126] Münch, M., Schlafforschung und Klinische Chronobiologie, Institut für Physiologie der Charite Berlin: **Persönliche Aufzeichnungen angefertigt im Rahmen eines Treffens.** 2. Aug. 2017.

[127] Cajochen, C.; Kräuchi, K.; Von Arx, M. A.; Möri, D.; Graw, P.; Wirz-Justice, A.: **Daytime melatonin administration enhances sleepiness and theta/alpha activity in the waking EEG.** Neuroscience Letters 1996, Bd. 207, Nr. 3, S. 209–213.

[128] Hoffmann, R.: **Grundlagen der Frequenzanalyse.** 3. Aufl. Renningen : Expert-Verl., 2011.

[129] Harris, F.: **On the use of windows for harmonic analysis with the discrete Fourier transform**. Proc. IEEE 1978, Bd. 66, Nr. 1, S. 51–83.

[130] Wand, M.: **Vorlesung SS 2012, Methoden der Biosignalverarbeitung**. Karlsruhe Institute for Technology 2012.

[131] Delorme, A.; Sejnowski, T.; Makeig, S.: **Enhanced detection of artifacts in EEG data using higher-order statistics and independent component analysis**. NeuroImage 2007, Bd. 34, Nr. 4, S. 1443–1449.

[132] Schwabedal, J. Department of Biomedical Informatics, Emory University: **Persönliche Aufzeichnungen angefertigt im Rahmen eines Treffens**. 26. Mai 2016.

[133] Kalbreyer, A.: **Dynamische Veränderungen im EEG durch monochromatisches Licht**. Studienarbeit, Dresden: Technische Universität Dresden, 2017.

[134] Rechtschaffen, A.; Kales, A.: **A manual of standardized techniques and scoring system for sleep stages of human subjects**. Washington, D.C. U.S. Gov. Print. Off. 1968, Bd. NIH Public.

[135] Albertario, C.: **The quantification of sleep and wakefulness in 2 second epochs EEG**. Sleep 1995, Bd. 18.

[136] Nowakowski, R.; Nin: **Efficiency of synchronous versus nonsynchronous buck converters**. Analog Applications Journal Texas Instruments Incorporated 4Q 2009, S. 15–18.

[137] Linear Technology: **Datenblatt lt3763, 60V High Current Step-Down LED Driver Controller**. 2015.

[138] Keil, M.: **Berechnung, Simulation und Hardwareprogrammierung eines spektral steuerbaren Lichtstrahlers unter Verwendung von vier LED Lichtquellen**. Studienarbeit, Dresden: Technische Universität Dresden, 2014.

[139] Weise, M.: **Entwicklung und Aufbau eines spektral regelbaren Lichtstrahlers unter Verwendung von LED**. Diplomarbeit, Dresden: Technische Universität Dresden, 2014.

[140] Klumpp, K.: **Entwicklung und Aufbau einer spektral steuerbaren LED-Leuchte**. Studienarbeit, Dresden: Technische Universität Dresden, 2015.

[141] Sander, S.: **Entwicklung und Aufbau eines Himmelsbeobachters**. Studienarbeit, Dresden: Technische Universität Dresden, 2016.

[142] Gerber, C.: **Gesteuerte Mischung von LEDs zur Erzeugung von weißem Licht einer bestimmten Farbtemperatur**. Oberseminar, Dresden: Technische Universität Dresden, 2013.

[143] Huishan ZHA0, R. L.: **Determination of driving current of RGB LEDs for white light illumination**. 13th International Conference on Electronic Packaging Technology and High Density Packaging 2013.

[144] Gensior, A., Professor für Leistungselektronik, TU Dresden: **Persönliche Aufzeichnungen angefertigt im Rahmen eines Treffens**. 14. Sep. 2015.

[145] GmbH, M.: **MTCSiCS Integral True Color Sensor LCC8**. Datenblatt. V7.1. 2015.

[146] GmbH, M.: **MCDC04 16 bit 4-channel analog-to-digital converter (ADC) with I2C control/output**. Datenblatt. v4.4. 2016.

[147] GmbH, M.: **MTCS-INT-AB4 JENCOLOR® - Sensor Board with I2C-Interface**. Datenblatt. V1.71. 2015.

[148] Röbenack, K., Professor für Regelungs- und Steuerungstheorie, TU Dresden und Weber, J., Professor für Leistungselektronik, TU Dresden: **Persönliche Aufzeichnungen angefertigt im Rahmen eines Treffens**. 10. Aug. 2016.

[149] Gulati, B. A.: **Multi Channel Color Mixing Using HB LEDs**. Cypress 2011.

[150] Gulati, B. A.: **The science behind color mixing**. Cypress Semiconductor 2012, S. 1–8.

[151] Aldrich, M.: **Masterthesis: Dynamic solid state lighting**. Yale University 2010.

[152] Fuhl, W.; Tonsen, M.; Bulling, A.; Kasneci, E.: **Pupil detection in the wild : An evaluation of the state of the art in mobile head-mounted eye tracking**. Machine Vision and Applications 2016.

[153] Mainusch, F.; Nowack, D.; Ott, G.: **Photobiologische Sicherheit von Licht emittierenden Dioden (LED)**.

[154] Cajochen, C.; Brunner, D. P.; Krauchi, K.; Graw, P.; Wirz-Justice, a.: **Power density in theta/alpha frequencies of the waking EEG progressively increases during sustained wakefulness**. Sleep 1995, Bd. 18, Nr. 10, S. 890–894.

[155] Cajochen, C.; Knoblauch, V.; Kräuchi, K.; Renz, C.; Wirz-Justice, A.: **Dynamics of frontal EEG activity, sleepiness and body temperature under high and low sleep pressure**. Neuroreport 2001, Bd. 12, Nr. 10, S. 2277–2281.

[156] Röhrig, B.; Prel, J.-B. d.; Wachtlin, D.; Blettner, M.: **Studientypen in der medizinischen Forschung**. Deutsches Ärzteblatt International 2009, Bd. 106, Nr. 15, S. 262–268.

[157] Hallam, K. T.; Olver, J. S.; Norman, T. R.: **Melatonin sensitivity to light in monozygotic twins discordant for bipolar I disorder [1]**. Australian and New Zealand Journal of Psychiatry 2005, Bd. 39, Nr. 10, S. 947.

[158] Nurnberger, J. I. u. a.: **Melatonin suppression by light in euthymic bipolar and unipolar patients**. Archives of general psychiatry 2000, Bd. 57, Nr. June 2000, S. 572–579.

[159] Whalley, L. J.; Perini, T.; Shering, a.; Bennie, J.: **Melatonin response to bright light in recovered, drug-free, bipolar patients**. Psychiatry Research 1991, Bd. 38, S. 13–19.

[160] Hoffmann, R.; Wolff, M.: **Intelligente Signalverarbeitung 1**. Springer Vieweg, 2014.

[161] National Instruments: **Schnelle Fourier-Transformation (FFT) und Fensterung [Online]**. Stand 01.04.2017. URL: http://www.ni.com/white-paper/4844/de/.

[162] Smolders, K. C. H. J.: **Dissertation, Daytime light exposure: Effects and preferences**. 2013.

[163] Smith, M. R.; Eastman, C. I.: **Phase delaying the human circadian clock with blue-enriched polychromatic light**. Chronobiology international 2009, Bd. 26, Nr. 4, S. 709–725.

[164] **High sensitivity of the human circadian melatonin rhythm to resetting by short wavelength light**. Journal of Clinical Endocrinology and Metabolism 2003, Bd. 88, Nr. January, S. 4502–4505.

[165] TU Illmenau: **Formelsammlung Lichttechnik 1**. 2014.

[166] Schierz, C.: **Einfluss des alternden Auges auf biologische Lichtwirkungen**. TU Illmenau 2008.

[167] Kraats, J. van de; Norren, D. van: **Optical density of the aging human ocular media in the visible and the UV**. Journal of the Optical Society of America A 2007, Bd. 24, Nr. 7, S. 1842.

[168] Watson, a. B.; Yellott, J. I.: **A unified formula for light-adapted pupil size**. Journal of Vision 2012, Bd. 12, Nr. 10, S. 12–12.

[169] Skene, D., Professorin und Abteilungsleiterin der Chronobiologie an der Universität Surrey: **Persönliche Aufzeichnungen angefertigt im Rahmen mehrerer Telefonate**. 22. Dez. 2017.

[170] Pan, Jiapu and Tompkins, Willis: **A real-time QRS detection algorithm**. Transactions on biomedical engineering. Bd. VOL. BME-3.

[171] Field, A.; Miles, J.; Field, Z.: **Discovering statistics using R**. Sage Publications Ltd, 2012, S. 1.

[172] Kliegl, R.; Masson, M. E. J.; Richter, E. M.: **A linear mixed model analysis of masked repetition priming**. Visual Cognition 2010, Bd. 18, Nr. 5, S. 655–681.

[173] Mathworks: **Linear Mixed-Effects Model Workflow [Online]**. Stand 06.03.2017. URL: https://de.mathworks.com/help/stats/linear-mixed-effects-model-workflow.html.

[174] Mayer-Pelinski, R., Psychologischer Psychotherapeut und Biostatistiker, Klinik und Poliklinik für Psychiatrie und Psychotherapie, Universitätsklinikum Carl Gustav Carus Dresden: **Persönliche Aufzeichnungen angefertigt im Rahmen eines Treffens**. 26. Feb. 2017.

[175] Zerjatke,T., Institut für Medizinische Informatik und Biometrie, TU Dresden: **Persönliche Aufzeichnungen angefertigt im Rahmen eines Treffens.** 1. Feb. 2017.

[176] Wilrich, P., Professor Emeritus an der Freien Universität Berlin, Forschungsschwerpunkt Statistik und Ökonometrie: **Persönliche Aufzeichnungen angefertigt im Rahmen mehrerer Telefonate.** 8. Dez. 2017.

[177] Free Software under GNU General Public License: **R is a language and environment for statistical computing and graphics.** Version 3.4.1. 2017.

[178] Mathworks: **Wilkinson Notation für die Beschreibung der statistischen Modelle [Online].** Stand 19.02.2017. URL: https://de.mathworks.com/help/stats/wilkinson-notation.html.

[179] Ritter, P., Oberarzt der Klinik und Poliklinik für Psychiatrie und Psychotherapie, Universitätsklinikum Carl Gustav Carus Dresden: **Persönliche Aufzeichnungen angefertigt im Rahmen mehrerer Treffen während der Projektlaufzeit.**

[180] Ritter, P.; Wieland, F.; Skene, D.; Pfennig, A.; Weiss, M.; Bauer, M.; Gueldner, H.; Sauer, C.; Soltmann, B.; Neumann, S.: **Non-visual light effects in patients with Bipolar-I-Disorder compared to healthy controls. Results of a study utilizing melatonin suppression and EEG data.** unveröffentlicht.

[181] Sammito, S.; Thielmann, B.; Seibt, R.; A, K.; Weippert, M.; Böckelmann, I.: **S2k-Leitlinie: Nutzung der Herzschlagfrequenz und der Herzfrequenzvariabilität in der Arbeitsmedizin und Arbeitswissenschaf.** AWMF online 2014.

Bibliografische Information der Deutschen Nationalbibliothek:
Die Deutsche Nationalbibliothek verzeichnet diese Publikation
in der Deutschen Nationalbibliografie; detaillierte bibliografische
Daten sind im Internet über dnb.dnb.de abrufbar.

© 2019 Falk Wieland-Kelbel

Herstellung und Verlag: BoD – Books on Demand, Norderstedt

ISBN 978-3-7481-8862-9